三分靠机会
七分靠打拼

张 月 编著

辽海出版社

图书在版编目（CIP）数据

三分靠机会，七分靠打拼/张月编著.—沈阳：辽海出版社，2017.10

ISBN 978-7-5451-4419-2

Ⅰ.①三… Ⅱ.①张… Ⅲ.①成功心理—通俗读物 Ⅳ.① B848.4-49

中国版本图书馆 CIP 数据核字（2017）第 247753 号

三分靠机会，七分靠打拼

责任编辑：柳海松
责任校对：丁　雁
装帧设计：廖　海
开　　本：630mm×910mm
印　　张：14
字　　数：174 千字
出版时间：2018 年 3 月第 1 版
印刷时间：2018 年 3 月第 1 次印刷

出版者：辽海出版社
印刷者：北京一鑫印务有限责任公司

ISBN 978-7-5451-4419-2　　　　　　定　价：68.00 元
版权所有　翻印必究

前　言

　　每个人都想要成功,但有些人都只是在心里想想,很少将这个想法付诸到现实的工作和生活中。在别人问及原因的时候,他不会说自己没努力,而总是会说没有机会,总是会说自己空有满腔抱负却无处施展。

　　现实生活中这样的人不在少数,他们不会知道,机会对每个人而言其实都是均等的。不同之处在于,得到机会垂青的人比其他人多付出了汗水,他们会在机会来临之前做好自己的准备,将自己"全副武装",从而在稍纵即逝间内抓住属于自己的机遇。

　　机会眷顾了你,并不意味着成功。对每个人而言,机会仅仅是一个迈向成功的跳板,当你走上这个跳板,还需要自己奋力纵身一跃,才能到达成功的顶端。这个"奋力一跃"就是拼搏。好多人都有类似的叹息:如果当初……那我肯定会成功。好多人就是这样,抓住了机会,却因为没有更进一步而让机会从自己的指缝中悄然溜走,当自己发现之后后悔不迭,可世上哪有卖后悔药的呢?

　　有一首歌曲是这样唱的:三分天注定,七分靠打拼。所以,不要去抱怨没有机会,因为你并没有做好准备;有了机会没成功,不要去抱怨自己没实力,因为你从来没关注过通过你的打拼想达到一个什么样的高度。

　　培根说："幸运的时机好比市场上的交易，只要你稍有延误，它就将掉价了。"当有了目标，就要不顾一切地朝着它努力，在你努力的过程中，机会也会慢慢地向你靠近，当把握了机会，通过这个跳板奋力一跃取得成功之时，你所付出的的一切才有了意义！

　　本书就是教读者如何寻找机会，找到机会后如何把握机会，通过自己的努力取得最终的成功。

　　生活对每个人都是公平的，想要成功，那就摒弃抱怨，从现在开始抓住属于自己的机会，努力拼搏吧！

目 录

第一章 机会无处不在

　　机会多数情况下像幽灵一样游历于人间，只有火眼金睛的人才能发现它。你每天的思想感情、言谈举止、各种活动都和机会息息相关。你可能因为一句话带来柳暗花明的境界，也可能因为一次拜访造就了你的升迁，还可能因为读了一篇动人心弦的文章而改变了你的人生。

什么是机会 …………………………………………… 2
机会永远不会"错过" ………………………………… 4
有准备的人才能抓住机会 …………………………… 6
耐心一点，机会就来 ………………………………… 9
机会是自己创造的 …………………………………… 13
凭自己的实力抓住机会 ……………………………… 17
积累是内因，机会是外因 …………………………… 19

第二章 机会，为你打开成功之门

　　机会并不意味着成功，却是通往成功的路，怎么走，要看你自己的。这条路崎岖且荆棘丛生，但是，只要你有充分的准备，已经打好了行装，只要你自信满满，早已无所畏惧，那么，沿着这条路走下去，你一定会迎来成功的曙光。

机会来临，你需要冒险 ································ 23
天才也需要机会 ···································· 24
成功就是更快地抓住机会 ···························· 26
抓住机遇，你会早一点成功 ·························· 29
把握机遇，才能改变命运 ···························· 32
用自己的"心计"抢占先机 ···························· 35

第三章 抓好细节，机会就会来找你

繁琐的生活细节是每一个人天天都经历的，谁要是能够找到一种简便的、解开这种繁琐的方法，谁就找到了一把致富的金钥匙，而成功往往也属于那种善于在细节生活中捕捉机会的有心人。

细节中蕴藏着机会 ·································· 39
成功之本在于发现兴趣 ······························ 42
别让细节将机会夺走 ································ 46
一屋不扫，何以扫天下 ······························ 49
因小失大，得不偿失 ································ 51
全力以赴去做事 ···································· 53

第四章 瞄准目标，付出总有收获

目标牵引成长，过程充盈人生。缺少目标的行动是徒劳的；机会从来不属于没有准备的人；不要在一棵树上吊死，放眼世界，遍地机会，只要努力，总有收获。

目标决定你能走多远 ·················57
蓄势待发，抓住机遇一鸣惊人 ··········59
直逼目标，增加成功可能性 ············63
让计划与目标保持同步更新 ············65
目标有了，就该追逐了 ···············68

第五章 改变习惯，离成功更近一点

命运有时是由一个人的习惯决定的。好的习惯让成功离你越来越近，松弛懒散的习惯会让许多机会与你擦肩而过。

养成珍惜每一次机会的习惯 ············73
养成勇于尝试的习惯 ·················75
善于思考，勤于学习 ·················77

天道酬勤，勤奋才会带来机会 …………… 80
不随波逐流 …………………………………… 83
拒绝拖延，才能迎接成功 ……………………… 85

第六章 善于交往，成功离你不遥远

快节奏社会，任何事情都讲究效率和速度，如果要说什么东西最难把握，那就是机会。如果没有机会光临一个人，也许一辈子都黯淡无光。这时，只要你在平时善于交往，积累人脉资源，那么，曙光就离你不再遥远，因为人脉即财脉是一点都不夸张的事情。

处世要以双赢为目的 …………………………… 89
不可"有事有人，无事无人" ………………… 90
有事没事要保持联系 …………………………… 93
培养良好的人际关系 …………………………… 95
找到属于自己的贵人 …………………………… 97
爱人者，人皆爱之 …………………………… 101

第七章 用勇气和智慧找到最便捷的出路

生活就像是一座迷宫，我们必须以异于常人的勇气和智慧找到最便捷的出路，这就是与众不同。

正所谓"道可道,非常道。"不平常的行为自然就会赢得不平常的机会,不平常的机会自然会产生不平常的结果。

迈出的步伐坚定且坚实 ················· 105
打破常规,不走寻常路 ················· 108
为机会拭去障眼的灰尘 ················· 110
多一步,成功就近一步 ················· 113
以静制动,静观其变 ··················· 116

第八章 能谋善断,果断中寻觅机会

有时候,许多机会里蕴藏着让人一败涂地的危机,而许多危机中却酝酿着置之死地而后生的绝佳机会。的确,现实生活中的机遇是富有神奇色彩的,有时候是化作另外一种形式呈现在你的面前,你若用能谋善断的智慧识别它、把握它,必能创造辉煌的人生,成就伟大的事业。

深谋善断,绝不坐失良机 ················· 121
对症下药,在变局中求生存 ··············· 123
主动出击,抢先一步抓机会 ··············· 126
当机立断,早做决定 ····················· 128
巧装糊涂,等待出手时机 ················· 130

局势不利，不妨暂时妥协 …………………………… 132
跌倒了不要空手爬起来 …………………………… 135
坏事中也有可以利用的机会 ……………………… 138

第九章 责任多一点，成功就会近一点

"机会"往往与"责任"紧密相连。只有聪明的人才能够看到机会究竟藏在哪里。负责任的人，实际是抓住机会的人；逃避责任的人，看似世事通达，实际是放弃机会的人。当你觉得自己缺少机会或者职业道路不顺畅的时候，不要抱怨别人，而应该问问自己是否承担了责任。

想成功，敬业是根本 ………………………………… 141
责任心会带来创富的机会 ………………………… 144
每天精神饱满地迎接工作 ………………………… 147
敢做更要敢当 ………………………………………… 151
关键时刻，需要你挺身而出 ……………………… 153

第十章 成功路上，需要执著

如果正视困难，自主选择适合于自己的解决之道，用积极的心态每天来鼓励一下自己，并坚定地

走自己的路，执著追求，就能充分调动起一切隐藏的潜力，那么，我们都可以在解决困难中获得自己意想不到的机会，你越是往前，你的机会就越多。

机会不是上天掉的"馅饼" …………………………… 157
执著追求，坚持就是胜利 …………………………… 159
运筹帷幄，进退结合 ………………………………… 162
知己知彼，方能百战百胜 …………………………… 163
感谢挫折，它让你愈挫愈勇 ………………………… 165
感谢失败，它让你重新崛起 ………………………… 168

第十一章 珍惜时间，时不我待

俗话说："时不我待，机不可失"，没抓住当前的机会，意味着将失去下一个机会。机遇总是有限的，不可能任由我们挥霍；机遇又是转瞬即逝的，不可能等我们慢腾腾地采取动作。过去，由于种种原因，我们错过了一些机遇，留下了不少的遗憾。现在，我们再也不能错失良机了。

要有"与时间赛跑"的意识 …………………………… 175
利用好自己的每一秒 ………………………………… 183
设定好事情的优先次序 ……………………………… 189
珍惜时间，生命充满意义 …………………………… 194

第十二章 最后的赢家 都是把握机会的拼搏者

盛衰循环就如同春夏秋冬一般,黑暗隧道远程的亮光依然明灭闪烁,山穷水尽之际也常暗藏迎来柳暗花明的契机,懂得把握契机主动出击,坚持做对的事,就有机会突破劣境,成为扭转乾坤的最后赢家!

再坚持一下的拳王阿里 …………………… 198
变化之中找机缘的胡雪岩 …………………… 200
在逆境中开辟晋升之路的拿破仑 …………… 204
等待时机,伺机而动的李鸿章 ……………… 206

第一章
机会无处不在

　　机会多数情况下像幽灵一样游历于人间,只有火眼金睛的人才能发现它。你每天的思想感情、言谈举止、各种活动都和机会息息相关。你可能因为一句话带来柳暗花明的境界,也可能因为一次拜访造就了你的升迁,还可能因为读了一篇动人心弦的文章而改变了你的人生。

什么是机会

　　每个人都知道机会的重要性，也在生活中寻找属于自己的机会，可究竟什么是机会？绝大多数人是不知道的，甚至多数时候当机会敲门时我们却仍然懵懂不知。所以，有人说：机会就像是小偷，来的时候悄无声息，去的时候却能够让人损失惨重。2007年，北京发生过这样一个故事：

　　安徽人汪亮解来京打工已经有7年。他一直都有个梦想——挣够钱回老家开个养殖场。为了自己的梦想，汪亮解在北京的各个装修工地跑来跑去当小工，但一年还是只能挣几千块钱，这让他打起了彩票的"主意"。

　　他最多的一次买了10注，花了20元；中奖最高的一次，中了5块钱。但他没有想到，当年7月29日上午10时43分35秒的那一刻，机会之神眷顾了他——那一刻他购买的4注"七星彩"中有一注后来开奖中了500万！

　　那天他正好路过北京丰台区一彩票点，买完彩票后他就坐火车回安徽老家了。回到安徽老家的汪亮解一待就是一个多月，无法看报纸，也不常看电视，更不能上网的他丝毫不知道自己留在北京的那注彩票已经不再是简单的几个数字了，他也无法想到不少媒体都在开奖后28天的期限内苦寻大奖得主。8月26日晚23时59分是兑奖的最后时刻，那一刻汪亮解还在枞阳，他不知道自己已经和500万错过。

　　9月11日，汪亮解返京。捉弄人的这场戏的序幕从厕所里一张被人丢弃的彩票报纸拉开。他去厕所方便，看到有一张《假日休闲报》，看着不脏，就顺手拿起来打发时间。拿在手中的这张报纸上的彩票信息让汪亮解看得津津有味。"七星彩！"突然，汪亮解意识到自己在回老家之前也买了几注。他盯着第87期的那7个中奖数字看了又看，总觉着很熟悉。心里很急的汪亮解甚至提前结束了自己的如厕时间跑回到租住的房子里。

打开抽屉，那张彩票还在。亮解随即将7个数字对了一遍又一遍。7个全中了，500万！汪亮解不敢相信自己的眼睛。

瞬间的狂喜被不安代替："兑奖期限是28天，而这已经过了10来天了，还能吗？""能行，能行！"汪亮解给自己打气。

一夜无眠的汪亮解第二天找到哥哥，拨通了北京市体彩中心的电话。然而，哥俩心里仅存的那一点希望被体彩中心解释的规则抹杀——在规定兑奖期限内未兑取的奖金，将作为弃奖进入彩票调节基金，而调节基金将以加奖等方式返还给全国彩民。

这个故事读来真是让人扼腕叹惜，一个彻底改变自己命运的机会就这样从主人公的手中彻底溜走了。所以，机会就是一种看不见、摸不着的东西，当它悄然而至的时候，我们不觉醒，当它一闪即逝时，才突然发现已经没有办法挽回了。

培根有一句名言："机会老人先给你送上它的头发，如果你没抓住，再抓就只能碰到它的秃头了。"天赐良机不可失，坐失良机更可悲，一个人要学会创造机会，但更重要的是要做好准备把握住机会才能获得成功。如果主人公能明白这个道理，相信他不会在不事先搞清楚中奖规则的时候就去买彩票，买了彩票不再关注，丢掉了本该属于他自己的机会。

生活就是这样，它不断地将礼物送到你手上，而接不接受却在你自己。这礼物就是上帝送给你的机会。当机会真正降临到你的眼前，你又在做什么？很多人都习惯让它从手上溜走了，一旦发觉时，就后悔莫及了，但"哭"和"早知道"都是没用的。因为，当机会敲你门时，你稍微犹豫它就会去敲别人的门，所以机会来临的时候一定要把握住。在人的一生中，机会不可能一次也不降临，生活中到处存在着机会，只要你留心它，就会发现机会，抓住机会。然而当机会发现你并不准备接待它的时候，它就会从你的眼皮底下滑过。如果机会来临了，你没有资格抓住机会，那只能怨你不具备抓住机会的素质。面对机会，我们应该具备什么样的素质呢？

在《是什么造就一个人的成功》一书中说要抓住机遇，须做到以下几方面：

第一，要随时做好准备。

从年轻时就要开始尽可能地获取各种各样的广博的知识，按照你的知识结构给自己创造机遇；机遇突然出现时，你要抓住它。而且从学生时代开始就要尽可能地锻炼出很强的创新能力，也就是机遇来到的时候你要有创造性。

第二，要从小事做起，认真地做好每一件事。

道理很简单，机遇总是突然地、不知不觉地出现，有时你甚至一辈子也不知道哪个是机遇。

第三，一旦出现机遇的时候，要全力以赴地抓住它。

第四，当抓住机会的时候，你要明白如何使用它，如何把机会变成成功。不会使用机会的人，机会也没有什么意义的。

机会永远不会"错过"

从某个角度看，机会永远不会"错过"，只需有勇气，用智慧去找寻。

机会需要发现。因为每一次机会降临时，它并不都是裹雷挟电，轰然来临；有时它只是和风细雨，悄然而至，这就需要我们用睿智的双眸去发现、敏锐的听力去察觉、聪慧的大脑去判断。

机会需要利用。机会是有限的，也是吝啬的，它犹如一阵风，攸忽间无影无踪；好似一滴水，转瞬间消失殆尽。倘若我们不能珍惜和利用，机会便将永远定格在追悔的记忆中。

机会需要创造。机会带有很大的偶然性，与其守株待兔式地等待机会，还不如用自己的经验、胆识和智慧去创造机会。只有这样的机会，才是真正属于自己的。机会不常有，但对有心人来说，机会却又常常有。

在北美的山林中，生长着一种特殊的野兔，棕色皮毛，体形硕大。据说这种野兔肉细鲜嫩，是食客们的最爱，当然也是猎手们的追逐目标。但这种野兔数量有限，而且行踪不定，很难捕捉。有对父子进山打猎，每次都收获不小，但却很少能捕到棕色硕大的野兔。儿子特别郁闷，总想亲自射杀一只这样的野兔，来证明自己也和父亲一样是个优秀的猎手。只可惜捕获的几只都是父亲的战利品，儿子很不服气。一天中午，儿子提着猎枪走在父亲的前面。他突然发现远处有棕色的东西在晃动，凭直觉他断定机会来了。儿子屏住呼吸，悄然移动，端起猎枪瞄准，正准备扣扳机之际，那只野兔像是灵敏的精灵，转瞬间消失得无影无踪。儿子万分沮丧，几天都打不起精神来。父亲安慰道，不过一只野兔罢了，何必为此和自己过不去呢？儿子懊悔地说，这样的机会千载难逢，怎么可能高兴得起来呢？父亲说，这样的机会还会有的，不用伤心。儿子仍然想不开，说机会稍纵即逝，到哪去等这样的机会？父亲纠正说，孩子，机会不是等来的，而是找来的。儿子不太理解父亲的话。第二天，父亲叫醒睡意朦胧的儿子，直奔深山。走了几十里山路，来到一处陡峭的山崖旁。父亲说，爬上去，往下看，然后告诉我，你看到了什么。儿子照父亲的话做了，当他爬到山崖时，不禁

—5—

叫了起来，爸爸，我看到了，这里有不少棕色硕大的野兔。那天，父子俩背着几只珍贵的野兔满载而归。父亲问，孩子，你还认为机会稍纵即逝吗？儿子摸摸自己的后脑勺，一阵憨笑。我们很多人都认为机会总是稍纵即逝，这句话有道理，但不是真理，懂得机会稍纵即逝的道理能够让我们珍视我们所拥有的每一个机会，但同时，我们也要意识到，机会一旦错过并非无法挽回，我们不必为曾经错过的机会而沮丧懊悔，以至沉沦不振，聪明的做法是吸取教训，努力寻找更多的机会。

有准备的人才能抓住机会

机遇偏爱有准备的人。中国有句古话：台上一分钟，台下十年功。我们常羡慕别人的机遇好，羡慕命运对别人的青睐、羡慕别人的成功。却没看到荣耀和鲜花背后所付出的千辛万苦。如，众人所知的杨利伟为什么能成为中国航天第一人？中国航天员的选拔要"过五关斩六将"，杨利伟顺利地过了一关又一关，他赢得中华民族的飞天梦想机会。他从小对自己要求严格，天生是个不甘落后的人。每次的训练都是全身心地投入，他以严肃认真的精神和熟练的技术赢得了教员的称赞。由于优秀的训练成绩和综合素质，杨利伟被光荣地选为"神舟"五号航天飞行员。所以我们想要成功，想抓住机遇，就得从现在开始，收拾好行囊，做好准备，当机遇轻轻地叩响门扉时，我们就会沉着地应和一声，踩着它的节拍，旋转而去，千万不要眼睁睁地看着它，在攸忽之间，从我们身边姗姗飘过，而我们却无能为力。

我们都知道2008年北京奥运会的成功举办，给全国人民带来了无限欢欣。但对于运动员们来说，却是又一次难得的成功机会。

　　2008年8月17日，北京射击馆步枪三姿决赛场，上演了与4年前的雅典如出一辙的一幕。当时的人们也开始像4年前称呼贾占波那样把"捡漏"的邱健唤作"幸运儿"。

　　"今天这块金牌，幸运占了大部分，但我的努力也能占一小部分吧！"邱健如是说。被邱健轻描淡写的那"一小部分"的努力，是他射击场上18年不懈的坚守，是国家队8年默默无闻的苦涩，是改练三姿3年无人能知的艰辛。

　　18年前，15岁的邱健入选江苏淮安射击队。一年后，他在江苏省青少年射击比赛中一举夺冠；又过一年，他顺利入选江苏省队。两年的时间，从业余队到专业队，邱健靠的不是上天赋予的过人才华，支撑他的是勤能补拙的执著信念。在一个又一个休息日里，别的伙伴外出游玩，邱健却孤身一人呆在空旷的靶场。举枪、瞄准、射击、放枪，眼睛疼了，胳膊酸了，他仍不厌其烦地一次次重复相同的动作。

　　而在这8年前，邱健终于进入了朝思暮想的国家队。之前，他在省队呆了整整8年。25岁的邱健已没有了年少成名的机会，入选国家队后，除了2001年世界杯总决赛上的那块气步枪金牌，也再少见辉煌战绩。

　　北京奥运会前，邱健共参加过三次奥运选拔，但每次都被挡在门外。2004年雅典奥运会的落选和2005年全运会的失利曾一度让他萌生退意，但他最终还是选择了坚持。

　　2008年的比赛，邱健以资格赛第四的身份进入决赛。中国步手枪射击队总教练王义夫表示，能夺得奖牌就是完成任务，但邱健却用金牌让中国射击队在北京奥运会上完美收官。

　　邱健说，比赛时他不管别人，只想打好自己的，让每一枪都不留遗憾。当教练示意他获得了冠军，这位33岁的老将先是惊愕，随即喜极而泣。正如王义夫所言，在射击这个项目上，一切皆有可能，而"机会只给有准备的人"。邱健终于在家门口等到了这个机会。为了这块颇具神奇色彩的金牌，他付出了最美好的青春。

法国著名微生物学家巴斯德也指出："在观察的领域里，机遇只偏爱那种有准备的头脑"。试想，如果费莱明不是一个细菌学专家，或者对葡萄菌没有经历数年的研究，或者粗心大意，把发了霉的培养液随手倒掉了，那他还能成为青霉素的发现者吗？试想，爱迪生如果不是通过无数次试验，证明上千种材料不能作灯丝，并一直倾心于此项研究，又怎能发现适合做灯丝的钨呢？机不可失，时不再来。再如，姜子牙磐溪垂钓数十载才迎来文王，后辅佐周武王攻下殷商的都城镐京，灭了荒淫无道、沉溺酒色的纣王，建立了周氏王朝；诸葛亮高卧隆中数十载，方换来玄德"三顾茅庐"，进而辅佐刘备三分天下。试想，姜太公成就的取得难道仅仅是因为与文王的偶然相遇吗？孔明三分之计的成功难道只是因为刘备偶然听到传闻而三顾茅庐吗？非也，其实他们在机遇到来之前胸中早已韬略万千，他们的头脑早已做好把握机遇的准备。

现实生活中，有些人总是坐着等机遇，躺着喊机遇，睡着梦机遇，做"守株待兔"的人。殊不知如果这样，机遇就会像满天星斗，可望而不可及，即使机遇真的来到身边，他也发现不了，更不用说去捕捉和利用了。

机遇只偏爱有准备的头脑，能否抓住机遇、利用机遇，关键在于人们的准备，在于人们知识文化思想等多方面的准备，在于勤奋努力。朋友，你准备好了吗？时刻准备着，去抓住机遇、利用机遇，获得成功吧！

耐心一点，机会就来

机会还没有来临时，最好的办法就是：等待、等待、再等待。在等待中为机会的到来做好准备。耐心等待机会，你就能在意想不到中获得成功。

机会的产生也并非易事，因此不可能每个人什么时候都有机会可抓。因此，有的时候多点耐心也很重要。

传说，有两个人偶然与酒仙邂逅，一起获得了神仙传授的酿酒之法：米要端阳那天饱满起来的，水要冰雪初融时的高山流泉，把二者调和了，注入深幽无人处千年紫砂土铸成的陶瓮，再用初夏第一张看见朝阳的新生荷叶覆紧，密闭八八六十四天，直到鸡叫三遍后方可启封。就像每一个传说里的英雄一样，他们历尽千辛万苦，找齐了所有的材料，把梦想一起调和密封，然后潜心等待那个时刻。这是多么漫长的等待啊！

第六十四天到了，两人整夜都不能寐，等着鸡鸣的声音。远远地，传来了第一声鸡鸣，过了很久，依稀响起了第二声。然而，该死的第三遍鸡鸣迟迟没有来。其中一个再也忍不住了，他打开了他的陶瓮，迫不及待地尝了一口，就惊呆了：天哪！像醋一样酸。大错已经铸成不可挽回，他失望地把它洒在了地上；而另外一个，虽然也是按捺不住想要伸手，却还是咬着牙，坚持到了第三遍响亮的鸡鸣。舀出来一抿，大叫一声：多么甘甜清醇的酒啊！只差那么一刻，"醋水"没有变成佳酿。这也正如许多富人与穷人的区别，往往不是更聪明的头脑，只在于前者多坚持了一刻——有时是一年，有时是一天，有时，仅仅只是几分钟，富人就等到了那个成为富人的就会，而穷人还是穷人。

三分靠机会，七分靠打拼

在黄铁鹰撰写的《谁能成为领导羊》中有一篇文章讲述了黄铁鹰选中王群成功整合了华润渤海啤酒，从而奠定了华润整合全国啤酒产业的经验和管理基础。文章的最后，黄铁鹰这样总结王群的成功："人的一生只需要一次这样的机会就足矣，这样的机会所带来的过程可以让生命燃烧、升华，而这种机会恰恰是每个人用一生中的每一天同这个社会博弈的过程中播种下来的，所以说，人生的偶然都有必然的原因，种瓜得瓜，种豆得豆。"生意同人生一样，是长跑，当你一旦顶住压力，专注调整自己的呼吸和步伐时，你就会慢慢发现，原来跑在前面的竞争对手会慢慢地慢下来。因为，他们的压力太大。

成就欲和虚荣心谁都有，就像香车美女谁都想要一样。可是人生就是这么奇怪，太想要的往往得不到，生意场如同体育赛场一样，受奖励的永远是行动，而不是愿望，过强的愿望往往会使动作变形，欲速则不达。

自考本科毕业的阿眉应聘到一家外贸公司，她职位的意向是经理秘书。但是，公司安排给她的工作是杂工，具体的任务就是负责影印文件。工作难找，阿眉犹豫了片刻后，还是积极地投入到工作中去了。同事们有了需要影印的资料，便会抱过来让阿眉影印。有时资料比较多，同事们将资料撂下，然后一五一十地告诉阿眉，哪份材料需要影印多少份，哪份材料需要如何影印。阿眉记忆力好，不必记录就能准确而及时地完成工作。来取资料的同事也只是浅浅地点个头，然后就扬长而去了。

阿眉给大家影印资料时，都会甜甜地一笑，然后麻利地完成任务。最近一次，经理拿一份合同给阿眉影印，十万火急的样子。细心的阿眉习惯性地快速浏览了一遍，当经理有些不耐烦地催促她时，她指着一处刚发现的错误给经理看。经理看完以后，惊出了一身冷汗，阿眉的更正为公司避免了500万元的损失。

阿眉立了奇功,经理自然对她委以重任,辞掉了现任的秘书。阿眉坐上了自己梦寐以求的那张办公桌。在后来公司的例会上,经理说:"简单事,重复做,要有超凡的耐心,更要有过人的敏锐,那样才会抓住属于自己的机会。"

　　一个人没有耐心是做不成任何事的。没有耐心的人往往不能对某种事物或某项工作保持长久的兴趣,也就缺少恒心,当然他也无法品尝到成功的喜悦。俗话说:心急吃不了热豆腐。性急的人往往不顾事物发展的规律,急躁冒进,结果被碰得鼻青脸肿,给人徒添笑柄。动中求静,静中有动,才是事物发展的规律。在对待每一件事情上,耐心是解决问题的良方,多一些耐心,就多了一次成功的机会。

　　原野中,狼在奔跑着,狂傲的长啸时时回荡在旷野上,透视着它的野性与傲慢。从来没学会细嚼慢咽的野狼似乎永远都处于高度的亢奋状态,但是它们往往一连几个星期地追踪一只猎物,踩着猎物留下的蛛丝马迹,狼群轮流协作,接力追捕,在运动中寻找每一刻战机。

　　在自然环境最恶劣的旷野上,野狼和北美驯鹿常常是出生在同一个地方,随后又一起奔跑。在它们的成长之间存在着一种独特的关系,而并非总是处于敌对状态,因为它们总是混在一起,几乎看不出什么紧张气氛,而且还表现着一种和谐的关系。

　　但是危机总有一天会到来。驯鹿终究是狼群的食物,但狼队面对如此众多而强大的敌人,并不贸然出击。因为草原上有数千只驯鹿,而且它们身材高大,雄鹿站立的肩高通常达到2米,能以1.2米的跨幅奔跑。它们的实力远远超过数量极少的狼群。狼并不畏惧,几匹狼在鹿群旁迂回窥视,它们想出了一个很好的策略,那就是先攻其一。当发现有因为饥饿或疾病而孱弱的驯鹿出现时,它们便一哄而上。

　　在北美的旷野上经常会出现这样的场景,一群分散的狼突然向一群驯鹿冲去，引起驯鹿群的恐慌，导致驯鹿纷纷逃窜，这时，狼群中的一匹"剑手"会冲到鹿群中，抓破一头驯鹿的腿。狼群之所以选中这头驯鹿，也许就是因为它们发现它的某些特点易于攻击，随后这头驯鹿又被放回归队了。奇怪的是，当狼群攻击鹿群中的一只驯鹿时，周围强健的驯鹿并不援救，而是听任狼群攻击它们的同胞。

这样的情况一天天地重演着，受伤的驯鹿渐渐失掉大量的血液、力气和反抗的意志。而狼群在耐心地等待时机，他们定期更换角色，由不同的狼来扮演"剑手"，使这头可怜的驯鹿旧伤未愈又添新创。最后，当这头驯鹿已极度虚弱，再也不会对狼群构成严重威胁时，狼群开始出击并最终捕获受伤的驯鹿。

实际上，此时的狼已经饥肠辘辘，在这种数天之后才能见分晓的煎熬中几乎饿死。有人想问，为什么狼群不干脆直接进攻结尾的那头驯鹿呢？

因为像驯鹿这样体型较大的动物，如果踢得准，一蹄子就能把比它小得多的狼踢翻在地，非死即伤。耐心保证了胜利必将属于狼群，狼群谋求的不是眼前小利，而是长远的胜利。

狼可能算得上是被人研究得最深、最广的动物之一，曾有人借助电子仪器跟踪观察狼长达几天的捕猎行动。人们惊奇的发现，狼群丝毫不对自己的任务感到厌倦、心烦，它们会持续长达好几天的时间，用以观察并监控被它们盯上的猎物。它们也从不毫无目的地追逐或骚扰猎物，看上去它们好像只满足于做观察者，实际上却在对被追捕猎物中的每个成员的身体状况和精神状态加以综合分析。

然而，对很多人来说，他们对待任务的认真态度还不足狼的万分之一。在工作中，他们总是十分浮躁，总觉得自己做的是小事，其实这个世界上小事做不好的人绝对不可能做出大事来，能否认真地把一件事情做完是一个人能否取得成功的重要标志。

一个对工作满腔热情的人，才可以与大家分享快乐，他会给你带来无尽的精神财富。当你孜孜不倦地工作，并努力使自己的老板和顾客满意时，你所获得的报酬就会增加。诚实、能干、友善、忠于职守、淳朴——所有这些评价都是为你而准备的。

如果在你看来值得为一件事情付出，如果那是对你的努力的一种挑战，那么，你就把它毫不厌倦地做到底，至于别人的态度，大可不必理会。笑到最后的人才笑得最好。成就最多的，从来不是那些半途而废、冷嘲热讽、犹豫不决、胆小怕事的人。刚进职场的年轻人，很少马上就被委以重任，往往是做些琐碎的工作。但是不要小看他们，更不要敷衍了事，因为人们是通过你的工作来评价你的。如果连小事都做得潦草，别人还怎么敢把大事交给你呢？世界上的事情经常很容易开始，但很难有圆满的结局。因为圆满意味着必须走完全程，意味着必须历经千难万险，意味着遍体鳞伤也决不放弃，意味着受尽伤害依然心地善良，意味着在最困难的时候咬紧牙关，继续迈着疲劳的双腿向前奔跑，直到最后肉体和精神为了同一个目标合二为一。

把毫不厌倦的精神融入每一项工作、生活、发明、事业中，它是你的一种精神的力量。它的本质就是一种积极向上的力量。记住这句话——毫不厌倦，对你所做的工作，要充分认识到它的价值和重要性。全身心地投入到你的工作中去，把它当作你特殊的使命，把这种使命感深深植根于你的头脑之中！

机会是自己创造的

我们生活在一个充满机会的世界里，只要你平时注意加强知识的积累、敢为天下先的创造意识和勇气，把握时机，你就会不断获得事业的成功,有道是:"机不可失,时不待我。"

懦弱动摇者常常用没有机会来原谅自己。其实,生活中到处充满着机会。学校的每门课程,报纸的每篇文章、每一个客人、每一次演说、每项贸易,全都是机会。这些机会带来教养,带来勇敢,培养品德,制造朋友。对你的能力和荣誉的每一次考验都是宝贵的机会。任何人,在他的一生中,机会发现他,而他并不准备接待它的时候,它就会从门口进窗口出了。

下面我们看几个故事,看看机会到底是谁创造的。

在变幻莫测的市场经济中,机会无处不在,但又稍纵即逝。机会对每个人来说都是平等的。但在现实生活中,有的人总是苦于没有机会,而有的人却屡屡创造奇迹。这就印证了一位名人说的话"机会只偏爱那些有准备的头脑"。

据载,我国古时候有一位商人到某产茶地去采购茶叶,由于晚到一步,当地茶叶全部被另外几位商人收购一空,正懊恼之际,忽见当地茶农都是用箩筐盛茶,于是他把当地箩筐全部买下,结果,那几位收到茶叶的商人只好出高价于他手里购买箩筐。这位商人的高明之处就在于他能在不利中创造机会。

再者,当年英国王子查尔斯与戴安娜小姐结婚之日,可谓万人空巷,人们争先恐后地去一睹皇室婚礼的盛况。一位商人便雇请几百位小孩,穿梭于人群中,推销一英磅一副的硬纸板简易望远镜。这种雨中送伞式的推销,无疑使他的产品一抢而空。这位商人的精明之处就在于他能利用机会。

看了上述两则故事,创造机会看起来似乎很容易,但是为什么大多数人都眼睁睁地看着机会擦肩而过,却浑然不知呢?记得有位名人曾经说过,如果历史能够倒退,我们百分之九十的人都能够成为伟人。所以我们不必强求无中生有的创造机会,我们只要能够抓住问题、细心观察、勇于实践,也就等同于创造了机会。

第一章 机会无处不在

每个人都在等待获取财富的机会。但是很多人一辈子也没有遇到，并不是他时运不济，而是当时机悄悄来临的时候，他不知不觉地让它溜走了。

在现实的职场上，往往有一些人，在职场上打拼多年以后仍然一事无成，怀才不遇，徒然埋怨命运不公，没有给自己机会；有人综合素质不高、能力不强，机会来临时又抓不住；有的人在选择工作时"东挑西拣"，枉使宝贵机会擦肩而过；还有的人选择工作时"慌不择食"，做了并不适合自己的工作……

毫无疑问，机会是一个人成功的必备因素。一个人，没有机会，很难取得大的成功；反过来，有了机会，也并不是每个人都能抓住而走向成功。俗话说："机会，永远垂青有准备的头脑"，从这个意义上讲，机会不是上天的恩赐，也不是领导偏心，机会是每个人自己创造的。谁能时刻准备着，谁就能创造机会。如果我们要牢牢掌握发展的主动权，就一定要记住：机会，是自己创造的。

在人的一生中，机会不可能一次也不会降临，人们的生活中间到处存在着机会，只要你留心，就会发现机会，抓住机会。然而当机会发现你并不准备接待它的时候，它就会从你的眼皮底下滑过。

能否善于抓住机会，是一个人成功与否的重要条件。机会往往是偶然的，稍纵即逝。因此，要抓住机会，就必须有一个精明的头脑详细地研究，细心地观察，捕捉机会。英国细菌学家费莱明，童年时就爱好探问事情的究竟，一次他跟母亲去医院探望一位病人，他见到医生就问一连串的问题，医生看他聪明伶俐，便回答了他提出的问题，最后说道："孩子，人们还没有详细研究过的病症多得很呢。"这句话给费莱明留下了深刻印象，他暗暗下定决心，长大了要当医学家，专门对付那些没有研究过的病症。费莱明长大后，果然攻读医学，大学毕业后，他进入圣玛丽医院从事疫苗的治疗研究。"还没有详细研究过的病症",儿时医生的一句话一直在他的脑海中萦绕。特别是其中的传染病症,期望能找到一种杀灭病原菌的方法。他在实验观察中偶然发现青霉素的分泌能杀葡萄球菌,从此人类的传染病症有药可救。费莱明发现青霉素似乎是非常偶然的,但也是他细心观察的必然结果。

除了详细地研究,细心地观察捕捉机会外,还要有勇气和决心去抓住机会。意大利航海家哥伦布,从小就对航海有浓厚的兴趣,20多岁时已成为一个很有经验的水手了。一个偶然的机会,使他读到了一本《东方见闻录》,从此,他一直想到东方寻找财富,后来,他带着87名水手,乘着3艘帆船,向西远航了。人们都觉得非常新奇,有些人怀疑,他们能到东方吗?哥伦布真是异想天开!他们顶着狂风巨浪,历尽艰难险阻,在茫茫的大西洋海面上度过了70多个白天黑夜,终于在一块陆地上着落了。哥伦布在人类历史上首先完成了横渡大西洋的航行。他的功绩是多么伟大。因此,一个人如果缺乏敢冒风险的勇气,就不会有成功的良机。在哥伦布之前,任何人都有发现新大陆的可能,然而他们之所以终究没有发现新大陆,就在于没有去实践。事实证明机会不是那么容易被抓住,并不是所有人见到苹果从树上掉下来就都能想到万有引力。

那么,如何才能准确地把握时机,抓住机会呢?那还得讲究策略,把握最佳时机。一个优秀的足球运动员在球场上的激烈争夺中,能巧妙地将球踢入球门,不仅靠他的勇猛和技术水平,还要靠选定的最佳角度,准确把握战机。踢球如此,搞事业也是这样。哪次机会最能发挥自己的优势,成功的把握最大,就选择哪次,这样方能事半功倍。

凭自己的实力抓住机会

凭实力抓住机遇，你就永远不会失去机遇，每一次机遇的来临都会为你原本平凡的生活注入更多惊喜。

有两个空布袋，都想站起来，便一同去问上帝。上帝说，要想站起来，一种办法是往肚子里装货，另一种办法是让别人看上你，一手把你提起来。一个空布袋选择了第一种办法，努力往自己肚子里装东西，等快装满时，它便稳稳当当地站了起来。另一个空布袋想，往肚子里装东西，多辛苦呀，还不如等别人把自己提起来。于是，它舒舒服服地躺了下来，等着有人看上它。他等啊等，终于有一个人在他身边停了下来，用手把他提了起来。空布袋兴奋极了，心想，我终于可以轻轻松松地站起来了。但是那人见布袋里什么东西也没有，便又把它扔掉，随手把那个装满东西的布袋拿走了。

这则寓言可谓寓意深刻。回望周围大多数人都在不自觉地扮演着那第二个布袋，空想着能够被别人提起来，殊不知即便有伯乐，自己也得是千里马才可能被挑中。机遇当然很重要，但自己必须有这个实力。自身的"质地"才是决定我们能否站起来的首要原因，不断提高自己的素质，提升自己的能力，才能稳稳当当地站起来，否则，就是被提起来，最终也会被抛弃。最终决定命运的还是自己呀！

上帝给谁的幸运都不会太多。面对不佳的际遇、一时的坎坷，大多数人都会抱怨命运的不公，却很少有人能够正视自己，问一问自己是否已经练就了一身的实力，磨成了一块引人注目的金子。在人生的道路上，我们必须不断充实自己，完善自己，成为一个"肚子里有货的布袋"。这样才能稳稳当当地站起来，做自己命运的创造者、主宰者。如果一味苦苦地等待发现自己的眼光，等待提拔自己的双手，到头来留下的只有悲伤和怨恨。即使被提起来了，也可能很快被抛弃，错过每一个在我们眼前一闪而过的机会。

　　在现今这样一个竞争激烈的社会，机遇无比重要，甚至不可或缺。因为有了他的一臂之力，窘迫能摆脱，颓势能扭转，弱小能变得强大，强大则会锦上添花，快马加鞭，从而更加兴旺发达。

　　然而细细分析，这说法又不是那么无懈可击。因为古今中外，无数事实事例说明了一个道理，就是追寻有没有结果，拼搏能不能胜利，命运能不能改变，人生的理想和价值又能否实现，归根到底，在于实力。

　　是的，一个人若没有，或者说尚没有足够的实力，就算有了机遇，又能如何？能把握得住，驾驭得了吗？而如果真正具备了实力，又何愁没有机遇？当年韩信离去，有萧何月下追赶；诸葛亮躬耕南阳，有刘备三顾茅庐寻访……古时如此，在今天这个革新创业、急需人才的年代，岂不更是如此？

　　所以，与其祈求机遇，到处寻找机遇，不如平心静气，再接再厉，增强自身的实力。

　　因为，实力就是机遇。

　　2000多年前的庄子，虽然归隐世间，却有济世的热情；虽然玩世不恭，却有极其深厚的学问和理政治国的才能。著有《南华经》《逍遥游》等传世佳作。楚王闻其名，遣两名士大夫托国事相烦，请为相国，态度极为恭敬。这么好的机遇怎么就偏偏发生在庄子身上呢？答案很明了，雄厚的实力是成功的关键。试问当今微软公司、IBM公司、沃尔玛公司的员工岂都是些泛泛之辈？

世界上没有一个真正称得上幸运的人，因为上天不会特意为任何人掉几张馅饼或办几件如意的事情。不管是谁，仅凭命相的贵贱和天赐的缘分去守株待兔，那只是一种可怜的期望与愚昧的单纯。人生中没有一个真正的机遇是留给谁的，因为当机遇来临之前，你的实力早就决定了你的选择，尽管每一次机遇都是一次难得的超越自我的最佳时机，但都因为你有渴盼的资本而关闭了迎娶机遇的心扉。如果说载满诱惑的机遇是一种美丽，那还不如说是你艰难者的黑脸，如果认为机遇对自己是何等的可贵，那还不如说你的实力不能承受真金的考验与酷炼。如果说机遇是一种呼唤的鼓励，那么实力就是启动成功之门的钥匙，获得丰硕之果的臂膀；如果说机遇是"机不可失，时不再来"，那么实力就是"莫等闲，白了少年头，空悲切"。拥有实力就会赢得成功的机遇，实力是做人之本，再微薄的实力也是迎候机遇的支点，再具有魅力的机遇也只是个美梦的旋律，如果没有实力的铺垫，它不能成为炫耀品，而实力没有机遇的光顾也会成为人的骄傲与精彩。

在人生的奋斗中，机遇只是一种诱惑的动力，而实力则是一种带着泪的勤奋、忍着痛的积累。

积累是内因，机会是外因

机会不爱懒惰的人，而最爱有心人，最爱实干家，最爱勤奋者。愿你将机会，将命运之舟的舵牢牢地掌握在自己手中。

干柴遇不到火，永远不会燃烧；千里马碰不到伯乐，只能拉车；鲜花开在深山，无人知晓；英雄怀才不遇，只好对天长叹。由此可见，机会有多么重要。难怪很多人会哀叹生不逢时，恨与机会无缘。

　　总是听人说上帝是公平的，我们也是这么认为，最起码上帝是基本公平的。每一个人在几十年的生命旅程中，会有许许多多、各种各样的能让人成功的机会，自己创造的、别人提供的、不期而遇的、自己独有的、与人共享的，不一而足。人与人存在各种区别的最大原因不在于谁拥有机会，而在于机会来临的时候谁能够抓住机会。因为机会本身并不完全等于成功，它只是成功的一个可能。能否抓住机会，把这个可能变成现实，才是问题的关键。也就是说你有没有在成长的过程中积累足够多的知识、技能，并储存了完备的实力，有把机会变成成功的现实的能力才是最关键的。

　　要把这种成功的可能变为现实，这个人本身必须具有把这种可能变为现实的能力。不断的积累是最终具有这样的能力的唯一途径，尽管我们可以临阵磨枪，还可以祈祷"万能的主啊，请赐给我力量……"。

　　积累足够的实力是内因，是成功的必备条件，是基础；机遇是外因，是成功的外部的有利因素。内因决定外因，成功的根本在于内因，即在于实力。而外因只是一个条件而已。而且这个条件也不是平白无故出现的，正如"机遇只偏爱那些做好准备的人"这句话所说，这里的"做好准备"，无疑指的是拥有足够的实力。

　　把每天的工作、每次的学习、每次的感悟、每次的提高、每次所获得的点滴当作通向成功的积累，会少去许多浮躁与功利。如果积累达到了要求的程度，机会来临的时候顺手便能抓住。如果自己的积累没有达到这种程度，当机会来临的时候，只能眼睁睁地看着机会大摇大摆地从眼皮底下逍遥而过，同时也只能眼睁睁地看着某些积累达到这种程度的人毫不客气地把机会抓走。那个时候，你或许会偷抹眼泪，或许会说：葡萄，酸的。

还有一个选择,老老实实地平时多积累,争取抓住下一次机会,也许是相同的机会,也许是别的机会。

打开科技史,每一项重大的科学发明和创造,并非取决于偶然的际遇和灵感,而是来自科学家有目的的在科学的大道上不畏劳苦的攀登。

机会只留意那些有准备的头脑,只垂青那些懂得追求它的人。倘若饱食终日,无所用心,或一处逆境就悲观失望,灰心丧气,那么,机会是不会来拜访的。"自古雄才多磨难,从来纨绔少伟男。"美辰良机等不来,艰苦奋斗人胜天。

在"长期积累,偶然得之"8个字中,深刻地概括了生活积累与机会的辩证关系。机会,寻可行,坐可失。我们要想得到它,必须积极地寻找机会、敏锐地识别机会、果断地抓住机会、准确地利用机会。而决不能只把希望寄托在有利的偶然事件上,抱着守株待兔的侥幸心理去消极地等待机会。

所以,一个人若没有积累足够的实力,他就根本发现不了机遇;一个人若实力不强,即使看见了机遇,他也抓不住。机遇是时刻存在于周围世界的,你的实力越强,机遇才会越多;如果没有实力,那再好的机遇你也发现不了,把握不住。

"机不可失,时不再来"告诉我们机遇是要靠自己平时积累的实力牢牢把握的,不然就会转瞬即逝;"一个聪明人创造的机遇比他发现的要多得多"是告诉我们只要拥有实力,就不愁没有机遇。更多的事实告诉我们,积累足够的实力是走向成功的通行证。

第二章
机会,为你打开成功之门

机会并不意味着成功,却是通往成功的路,怎么走,要看你自己的。这条路崎岖且荆棘丛生,但是,只要你有充分的准备,已经打好了行装,只要你自信满满,早已无所畏惧,那么,沿着这条路走下去,你一定会迎来成功的曙光。

机会来临，你需要冒险

冒险与危机具有较深层的关联。把"危机"拆开了讲便是危险和机遇。人的机遇与成功往往存在于危险之中。

《塔木德》中说道："当机会来临时，不敢冒险的人永远是平庸之辈。"成功与失败均是不可预见的，去做就意味着冒险；而在失败与成功都不可把握时，就更意味着风险很大。高风险，意味着高报酬，只有敢于冒险的人才会赢得人生；而且，那种面临风险审慎前进的人生体验，也让我们练就了过人的胆识，这更是宝贵的财富。

犹太人历来以冒险家闻名于世。风险是客观存在的，做任何事情都有成功与失败的可能。严格来讲，促成一件事情成功的因素太多、太复杂，人的脑袋根本无法掌握那些"未知的变量"，充其量只能掌控其中一小部分。做任何事情都有风险，只是大小不同罢了。

19世纪80年代，关于是否购买利马油田的问题，洛克菲勒和股东们发生了严重的分歧。利马油田是当时新发现的油田，地处俄亥俄州西北与印第安纳东部交界的地带。那里的原油有很高的含硫量，经化学反应变成（硫化氢），它发出一种鸡蛋坏掉后的难闻气味，所以人们都称之（酸油）。

当时，没有炼油公司愿意买这种低品质原油，除了洛克菲勒。洛克菲勒在提出买下油田的建议时，几乎遭到了公司执行委员会所有委员的反对，包括他最信任的几个得力助手。

因为这种原油的质量太差了，价格也最低，虽然油量很大，但谁也不知道该用什么方法进行提炼。但洛克菲勒坚信一定能找到除去硫的办法。在大家互不相让的时候，洛克菲勒最后威胁股东，宣称自己将冒险去进行这一计划，并不惜一切代价，谁都不能阻挡他。

委员会在洛克菲勒的强硬态度下被迫让步，最后标准石油公司以 800 万美元的低价，买下了利马油田，这是公司第一次购买原油的油田。

此后，洛克菲勒聘请一名犹太化学家花了 20 万美元，让他前往油田研究去留问题，实验进行了两年，仍然没有成功，在此期间，许多委员对此事仍耿耿于怀，但在洛克菲勒的坚持下，这项希望渺茫的工程仍未被放弃。然而，这真是一件天大的幸事，又过了几年，犹太化学家终于成功了！

这一丰功伟绩，正充分说明了洛克菲勒具有穿透迷雾的远见，也具有比一般大亨更强的冒险精神。

天才也需要机会

成功的人必须具备的三种品质，就是要时刻准备着寻找机会；在机会降临时要果断、及时地把握它；当机会握在手中时，要善于利用它并去争取成功。

在我们的生活中，每一天都会有一个机会，每一天都会有一个对某个人有用的机会，每一天都会有一个前所未有的也绝不会再来的机会。所以，当某个机会向你走来时，你就要及时利用他。

有一点我们必须谨记，那就是机遇虽突然，但并不是毫无理由的，它总是降临在有准备的人身上。"冰冻三尺，非一日之寒"，少年作家韩寒，他所写的书之所以那么深受青少年读者的喜爱，并不只是由于他书中所写的内容适应了当代青少年的心理。韩寒也并非有什么天才，他只是在很小的时候就读过许多中外名著，深厚的文学功底，锐利的笔锋，加之他敏锐的思维，叛逆的个性，使他在顷刻间得以成名。机遇随时都会降临，但是如果你没有做好准备去迎接它，就可能与成功失之交臂了。所以说，即使是天才，也需要机会助他成功。

我国著名的地质学家李四光，由于他的不断地探索和研究，一生中充满机遇，甚至在开会、散步、游玩或浏览资料中，也有重要的发现。比如，他去公园散步发现棋盘格式构造的典型标本；在庐山住所附近，他发现一块在天然条件下因自重而发生变形的小砾石，这对于探索岩石的力学性质具有重要意义。在太行山、黄山、鄱阳湖考察时，他发现了"U"形谷、冰川擦痕和冰碛，找到了中国存在第四纪冰川的确凿证据……为什么有这么多的机遇偏爱李四光呢？这不仅仅是可以用偶然性加以解释的。应当说，是他的探索精神与机遇结了缘。由此可以看出，一个人的成功是与机遇分不开的。

那么，机遇在哪里？又该怎样去把握呢？答案是机遇就在你的脚下，就在你的身旁，只是看你如何去发现和把握了。发现和把握机遇是一种能力，是一种务实的心境，是一种踏踏实实的干劲。机遇不是从天上掉下来的，是从熟视无睹的、微小的地方，通过敏锐的观察分析和发现得来的，并在发现后努力地把想法变成行动，让机遇成为现实，就可能成功了。

如果你觉得自己是个天才，如果你觉得"一切都会顺理成章地得到"，那可真是天大的不幸。你应该尽快放弃这种错觉，一定要意识到只有勤勉地工作才能使你获得展示自己的机会，才能得到自己所希望得到的东西，在有助于成长的所有因素中，勤奋并努力是最有效的。

我们常说，是金子总要发光的，天才就是这样，无论处在什么样的位置,只要把握住机遇,就能成功。有这样一个小笑话,讲的就是关于机遇与天才之间的距离。

俄罗斯著名男低音歌唱家奥多尔·夏里亚宾19岁的时候,他来到喀山市的剧院经理处,请求听他唱几支歌,让他加入他们的合唱队。但是那时他正处在变嗓子的阶段,结果没被录取。过了些年,他已成为著名的歌唱家。一次他认识了高尔基,向作家谈了自己青年时代的遭遇。高尔基听了,出乎意料地笑了。原来就在那个时期,他也想成为该剧团的一名合唱演员,而且还被选中了!可是,他很快就清楚,自己根本就没有唱歌的天赋,于是他就退出了合唱队。

事实上,一个聪明的人,一个能成就大事业的人未必就是一个禀赋过人、才高八斗的人,一些聪明者时常会问自己"我是谁"、"我在哪"、"我从哪来"、"我要到哪去",聪明者知道什么事自己要动手,什么事永远不要伸手,聪明者知道"来与去"、"入与出"的最短直线距离,聪明者时时明白自己的最佳位置在哪里,聪明的人确信"天才也怕入错行!"

成功就是更快地抓住机会

"快"是一大优势,可以赢得时间,战胜竞争对手,获得机会。

处在这个事事必须争先、竞争无比激烈的时代,"快"是一大特点,迟一步就可能永远无希望了。市场机遇来得快,消失得也快,消费者需求变化快,竞争对手崛起快,这都要求你掌握的有效信息快,决策快。

比如商业竞争中,谁先投入市场,谁就占领了市场的制高点,谁就巧妙地运用了先人一步的时间差。时间对于捕捉偶然的机会，显得尤为重要。同样的道理，其他事情也一样要先人一步果断决策，抢占时机。所谓时机，是指时间、转机、机会等。从时间机遇来看，各种因素、态势、机遇都处于稍纵即逝的变动之中。在决策过程之中，抢占时机、随机决策就是指一旦时机成熟，要当机立断，果敢决策，切不可优柔寡断、当断不断；其次，决策及时。一指速度，即决策迅速；二指时机，指决策到实施恰到好处，符合当时的条件和客观因素的变化。

在《孙子兵法》里也曾经提到过这样两句："故兵贵胜，不贵久。""兵之情主速，乘人之不及，由不虞之道，攻其所不戒也。"这两句话的意思是说，用兵贵在速战速决，而不宜旷日持久。用兵之理，贵在神速，乘敌人措手不及的时机，走敌人意料不到的道路，攻击敌人没有戒备的地方。可见，孙子崇尚兵贵神速，而反对旷日持久的消耗战法。但是在具有神速的同时，还需要有先机才会助自己一臂之力。

人生中的机遇稍纵即逝，一旦失去，就难以复回。所以，机遇一旦出现，你不要迟疑观望，更不要消极等待，而要当机立断，抓住不放，直至成功。

但是你要记得"机不可失，时不再来"这句话。如果机会一旦失去的话，就再也没有办法挽回了。大哲学家培根说过："机会先把前额的头发给你捏而你不捏以后，就要把秃头给你捏了；或者至少他先把瓶子的把儿给你拿，如果你不拿，它就要把瓶子滚圆的身子给你，而那是很难捉住的。在开端起始时善于抓住时机，再没有比这种智慧更大的了。"所以，当机会到来的时候，必须毫不犹豫地迅速捕捉，就要迅速出击，抓住机遇不放。

当机会到来的时候，千万不能粗心大意，粗心大意往往会失掉机会。历史上有这样一件事，很能说明这其中的道理。18世纪后半叶，欧洲探险家来到澳大利亚，发现了这块广袤千里、丰饶富足的"新大陆"。随后，白人殖民者蜂拥而至，为抢占

三分靠机会，七分靠打拼

土地展开了激烈的角逐。1802年，英国派遣弗林达斯船长率双桅帆船驶向澳大利亚。与此同时，法国拿破仑也命阿梅兰船长驾驶三桅船鼓帆而往。经过一番航海较量，法国先进的三桅船捷足先登，抵达并抢占了澳大利亚的维多利亚州，将该地命名为"拿破仑领地"。欣喜之余，好奇的法国人发现了当地特有的一种珍贵蝴蝶，为了捕捉这种色彩斑斓的蝴蝶，他们忘记了肩负的使命，全体出动一直追到澳大利亚腹地。这时，英国人的双桅船也开到了，他们看到了停泊在那里的三桅船，沮丧之际他们惊喜地发现先期到达的法国人却无影无踪了。于是，弗林达斯船长立即命令手下人安营扎寨。等到法国人兴高采烈地带着蝴蝶回来时，这块面积相当于英国大小的土地，已经被掌握在英国人的手中了，而留给法国人的只是深深的懊丧。可见，成功并没有彩排的机会，坐失良机只会将本该属于自己的东西拱手送给他人。

机会对于每个想要成功的人来说，都是至关重要的，那一闪而过的机遇让你抓住了，就是你的"幸运"。一旦让它溜掉了，回过头来再去追逐就不太容易了，更何况别人也在追逐它。曾经有一位作家说过，生活就像是一次棋赛，坐在你对面的就是"时间"。只要你犹豫不决，就将被淘汰出局。如果你不断进击，还有获胜的可能。拖延往往会把一个人逼得走投无路。所以，最好的办法就是把握今天。因为，昨天已经属于过去，明天尚未到来，我们所能把握的只有今天。在基督诞生500年前，希腊哲学家希扣利提斯告诉他的学生："每一样事都会变，除了变化律。"

机会就像空气中的小分子一样，到处都有，关键是我们要懂得从纷杂的分子中找到那粒属于我们的，找到了就要早早地抓住它，要狠狠地抓住它不放。我们之所以这么钟情于机会，就是因为那是我们心想事成的前提。只有做到了这一点，我们才能心想事成。

法国著名科学家巴斯德说过:"机遇只垂青那些有准备的头脑。"看准时代特征,掌握大势,找准机会,见缝插针,这样做下去,自然会获得成功。机会总是偏爱有准备的人。在机遇与风险挑战面前,有准备的头脑从不放弃搏击,捕捉财富的机遇,成为人生旅途中的亮点。

抓住机遇,你会早一点成功

在这个时代,一个希望获得事业成功的人应该牢固树立三个观念,即时间观念、时效观念和时机观念。

在我们的工作和生活中,到处都有时机问题。时机,时间性的机会。农民春种夏作秋收,不违农时,有时机问题;战场上发起冲锋不能过迟,也不能过早,有时机问题。时机问题,既是速度问题,又是机遇问题。

有一则寓言故事,说的是两个猎人张弓搭箭,正准备射下飞雁。忽然,一个猎人说:"这一群大雁肥得很,打下来煮着吃,滋味一定不错。"另一个猎人却坚持烤了吃。由于观点不一,双方争执不下,只好请人评理,终于商讨出一个"两全"的解决办法:射下来的大雁,一半煮,一半烤。等到他们再去射大雁时,那群大雁早已飞得无影无踪,两位猎人错过了美食一顿的时机。可见,时机来得快,去得也快。

善于把握时机的时间管理者明白:在最适宜的时候办最应该办的事。《周易·艮》有:"时止则止,时行则行,动静不失其时"之说,说得便是有的事时机已过才去办,效果不好;有的事时机未到,过早地去做,效果也不佳。

时机是一种机遇，是一种成功的机会。杰出人士之所以能够成功，并不仅仅在于他们掌握了多少成功经验，也不仅仅在于他们有多大的胆量，最主要的是他们善于行动，一旦发现机会，便能牢牢抓住。

郑桓公去朝见周朝天子，接受封地，晚上住宿在宋国东部的一家旅店。旅店的一位老人从外面进来，问他："您要到哪里去？"

郑桓公回答："我要到郑地去朝见天子，接受封地。"

老人说："我听说，时机难得而易失，现在您在这里睡得如此安稳，大概不是去求封地的吧？"

郑桓公醒悟过来，就拿起马缰亲自驾车，他的仆人捧着淘好的米坐上车，狂奔10天10夜才赶到目的地。他这才知道，原来有人想跟他争郑国的封地。幸亏他及时赶到，否则后果难料。

机会是一种财富。它有改变人生面貌的巨大作用。一个普通人常常会因抓住机会而改变了命运，步入良性循环的轨道，有的甚至还从前日的一文不名到今日的亿万富翁，他的生活质量和成就令轨道外面的旁观者自叹弗如。正因为机会有如此巨大的作用，一般人在经商或从政失败时，很少承认努力不够，大都把失败归咎于"时运不济"。

机遇是捉摸不定的，人们总期望机遇垂青自己。机遇是需要我们去寻找的。找到了机遇就一定能成功吗？当然不是，这得看你有没有利用机遇的能力。只有以勤奋的工作、扎实的功底作为基础，加上外来的机遇，成功之门才会向你敞开。

还有种情况，机会就摆在那儿，我们却由于众多原因，前怕狼后怕虎，犹豫不决，以致机会从眼前飞走，这样的事例经常发生在我们身上或身边，其原因是对自己缺乏足够的信心，所以在机会唾手可得时，也不敢想到利用机会。

华裔电脑名人王安博士有一则故事颇有启迪，他声称这件发生在他6岁之时的教训是影响他一生的最大教训。有一天,王安外出玩耍,路经一棵大树的时候,突然有什么东西掉在他的头上。伸手一抓,原来是个鸟巢,于是他赶紧用手拨开。鸟巢掉在了地上,从里面滚出了一只嗷嗷待哺的小麻雀。王安很喜欢它,决定把它带回去喂养,于是连同鸟巢一起带回了家。王安回到家,走到门口,忽然想起妈妈曾多次说过不允许他在家里养小动物。所以,他便把小麻雀放在门后,急忙走进屋内,请求妈妈的允许。妈妈经不起儿子的苦苦哀求,破例答应了他的请求。王安兴奋地跑到门后,不料,小麻雀已经不见了,只见一只黑猫正在那里意犹未尽地擦拭着嘴巴。王安为此伤心不已。

从这件事,王安得到了一个很大的教训:只要是自己认准要做的事情,绝不可优柔寡断,必须马上付诸行动。不能做决定的人,固然没有做错事的机会,但也失去了成功的机会。

成功者都是善于抓住机遇的人,虽然他们有时难免犯错误,但是他们比起那些做事犹豫的人要强,取得成功的机率也大得多。作为成功者,似乎从没有这种忧虑,因为他们总是敏锐地抓住各种机遇,使自己的产业不断扩大。

美国大富翁亚蒙·哈默的创业生涯始于他成功地抓住了创业的时机。哈默很关注各届政府首脑的经济政策,并深究这些政策对经济的影响。当富兰克林·罗斯福总统入主白宫时,哈默研究了罗斯福的经济政策,并认识到罗斯福提出的"新政"中,禁酒令将会被废除。由此再进一步分析,禁酒令废除后,市场对啤酒和威士忌酒的需求就会大增,那时就需要空前数量的酒桶。

哈默慧眼识金看出这一商机,立即向前苏联订购了几船制作木桶的白橡木板,在纽约码头设立了一个临时性的桶板加工厂。当哈默的这些准备工作就绪之际,罗斯福总统果然下令废除"禁酒令"。同时，哈默的酒桶正从生产线上滚滚而出，很快这些酒桶就身价倍增，哈默也从中大赚利润。

善于捕捉机遇的人，会减少其一半的奋斗时间。从某种意义上说，机遇就蕴藏在几秒钟之内。如果你赢得了这几秒钟，那你就抓住了某个机遇，也许就此抓住了你想要的一切。俗话说："机不可失，时不再来。"对于每个人来说，机会并不是常有的。所以，当机会来临时，好好把握吧。当你向机会伸手时，已经跟成功签下了盟约。

把握机遇，才能改变命运

机会对任何人都是平等的，幸运的人往往能把握机会，命运会从此发生改变。

常常有人这么说：某某以前和我一样，现在可不得了了。这说明了什么？说明了他们的条件都一样，你还是你，他却成功了。再比如说：多年前，一个机会让我去任什么官或调我到什么地方，我没去或把机会让给了别人。这说明了什么呢？说明了没有很好地把握机会，让机会白白地从你身边滑过，只剩下后悔和叹惜。

机会时刻存在，机会对人人平等，差别只在于人们识别和把握机会的能力上。这种能力主要表现在两个方面：一是果断而快速行动的能力，要不失时机地将决心转变为行动；二是识别机会的能力，用思想去洞察，用经验去筛选，用本能去感知。你坚信生活就是机遇的富矿，命运也就会眷顾你。

在一个下着鹅毛大雪的下午，有两个乞丐在路边乞讨，挨饿受冻了一天的他们仍然一无所获。上帝看他们可怜，就变做凡人,赐给他们每人一枚金币,他们高兴极了。

其中一个乞丐用这枚金币作资本,开了一家做豆腐的小作坊,再也不用沿街乞讨了。而另一位乞丐却只是庆幸自己的运气不错,上饭馆好好地吃了几顿。他想,既然能够乞讨到金币,为什么不继续乞讨下去呢?何必辛辛苦苦地去磨豆腐?

于是他俩分道扬镳,一个乞丐每天起早贪黑地磨豆腐,卖豆腐;而另一个也是忙得早出晚归的,只是他忙的是去讨金币。

几年后,开豆腐店的乞丐用赚来的钱开了家小饭馆。而另一个乞丐呢,这些年虽然也曾讨到过几枚金币,可都让他上馆子吃光了。

一天,上帝又出现在这位乞丐的身边。乞丐说:"好心的主人,请您再赏我一枚金币吧!我正饿着肚子呢。"上帝说:"我和别人给你那么多金币都到哪去了?"

乞丐说:"都让我吃光了。"

"不,"上帝说:"你吃光的不是一枚枚金币,而是一次次机会啊。可怜的人啊,我不能再给你金币了,不过有个人能给你。"

上帝把他带到了一家大饭店门口,这家饭店正在开张,门口热闹非凡。在人群中,乞丐很快就认出了那个老板,他就是和自己一起乞讨一枚金币的伙伴啊!望着偌大的一座饭店,乞丐羞愧地无地自容,立马就溜走了。望着他的背影,上帝叹息一声。

不要抱怨上天的不公平,而应正视自己。当机遇降临时,你是否抓住了它?

这个故事告诉我们,人的一生中有许多改变命运的机会,一定要擦亮眼睛,不要让机遇与我们失之交臂。要善于把握机遇,改变自己的命运。否则,只能一事无成。

现实生活中,许多人总在抱怨自己生不逢时,英雄无用武之地。实际上，机遇处处有，主要看你是否有把握它的能力，是否有改变自己人生的勇气，一个人如果只知道犹豫不决，或者只知道享受现在，那么他永远只能原地踏步，重复过去。

花开有声，但机遇总是无言来去，它总是悄悄地来，又悄悄地走，从不给人提醒。所以把握机遇需要擦亮眼睛，需要有信心、有勇气，需要敏感的头脑，需要实干精神。把握机遇不会轻而易举，但也绝不是劳而无功。

我们都是平常人，处于一种平常心，不求有功，但求无过，总这样想：算了，平平淡淡才是真，有的吃有的喝就行了。其实，社会在不断地变革，竞争无处不在，正如诗曰：沉舟侧畔千帆过，病树前头万木春。你不进步，别人就跑到你前面去了，大家都在努力，你得过且过，终究有一天，你会发现自己落后了，不如人了，叹息自己的命不好，怨天尤人，其实你谁都不能怨，只能怨你自己。

面对众多的机会，你首先要审视自己，给自己一个准确的定位，你的优势在哪，你的条件如何。准确地给自己定位十分重要，不要过高地估量自己，也不要过低而没有信心，发现自己条件差，能力有限，但有信心，你得充充电，多学几招。

发现自己的缺点，克服不良习气，使你无往而不胜。有些人条件很好，也能把握机会，但个性差、狐疑、易怒、不尊重人、心贪等毛病让人见而远之，毛病大于优势，再好的机会也会从你手中挣脱。

机会来了，看准了，不要顾虑，勇往直前。再好的机会，需要你去把握，当你作出决定的时候，就不要再去想了，剩下的就是迎向新的挑战，不能被家人、朋友以及上司的所谓的好意而"打动"，而放弃。因为机会是属于你的，是改变你命运的，别人只是站在一个平常人的心态，或夸大风险的角度和你交流。正如争论的时候要充分听取大家的意见，一旦有了结果，有了主张,就不必理会无休止的争论了。

只要你努力,并善于把握机会,你的命运会发生质的改变的,人生会更美好。

不要以为机会遥不可及,也不要以为机遇唾手可得。机遇到来的时候,我们要张开双手拥抱它们,机遇未到的时候,要埋头苦干,做好准备。不能让机遇从我们身边悄悄溜掉,我们要握紧它的手,改变自己的人生。

用自己的"心计"抢占先机

也许你会认为,那些成功创新的人,一定都是绝顶聪明的人,那你就错了。事实上,只要你比别人多点"心计",抓住一闪而过的机会,那么成功就属于你。

成功人士和一般人最不同的地方在于:他们都是非常有"心计"的人,懂得积极掌握和利用机会,从而让他们的人生和事业获得跳跃式的发展。有"心计"的人常常能抢占先机。

1972年,美国民主党大会提名麦高文竞选总统,对手是尼克松。但是在这次大会后,麦高文宣布放弃他的竞选伙伴——参议员伊高顿。

一个16岁的年轻人看到这个机会,立刻以每个5美分的成本,买下全场5000个已经没用的麦高文及伊高顿的竞选徽章和贴纸。然后,他以稀有的政治纪念品为名,马上又以每个25美分的价格,出售这些产品。

这个年轻人之所以能够成功,一个非常重要的因素就是因为他对机会有着非常敏锐的洞察力,并能够迅速把握。这次行动虽然没有造成其产业的突破性发展,然而,就是这样的精神,使得这个年轻人日后能看到其他人没有看到的机会。这个年轻人，就是今天全球的首富、创立微软的比尔·盖茨先生。

而事实上，除了比尔·盖茨，还有更多的人影响着人类生活的发展。例如微波炉、圆珠笔等产品，都不是专业人士的杰作。这些发明使人类的生活发生了极大的改变，更使发明者成为人人敬佩的创业家。这些人与一般人的不同之处在于：他们勤于思考、非常有"心计"，孜孜不倦地在人生以及事业上追求突破，终于达到了今天的成就。

要做到有"心计"，其实并不需要像爱因斯坦或是其他伟人那样，摒弃一切传统的看法。亚伯拉罕曾经在《突破现状，创新思考》中指出，要在事业或生涯上取得突破，秘诀是更聪明地做事，更努力地工作。想要更加聪明地做事，就要学会运用更妙的"手段"去应对，而且努力落实这些想法，只有这样才能取得创造性突破。

在许多人眼里，成功都是由一小步一小步慢慢累积而来的，而许多情况并非如此。但大多数人深受这个观念的影响，将它应用在生活和工作上，为了每天一点点的改进而感到高兴。但是，这些人到了最后并没有取得辉煌的业绩。

正是因为有了上述观念，才让你为了工作在那里不断地努力，并总以为自己做得还不够。然而，你有没有想到，如果只是循着前人的模式前进，那些伟大的产业领导人怎么可能成为领先者？一小步一小步地做，或许是最安全的方式，但是我们再反过来想一下，我们为什么不跳过那些阶梯，创造跳跃式的突破呢？

在一般人的心里，他们总是以为跳跃是危险的。但是从事实上看，跳跃也可以让我们不但安全而且更加快速地成功。要创造跳跃式的突破，首先要舍弃目前惯有的商业模式，找寻周围的被人们忽略的机会，并且学习其他产业创新的经营模式及想法。观察其他成功产业的经营模式之后，或许你会很惊讶地发现，很多原则应用到你的产业同样适合。最后，你就会发现，花同样的时间、人力及资本，却能够达到一个更好的结果。

所以说有时候，就要学会利用好的条件，比别人早下手，让自己抢先别人一步得到最后的成功。虽说"近水楼台先得月"，但是有时候我们都没有这个有利的条件，怎么办？这就是前面所说的，要学会做一个有"心计"的人，为自己创造这个条件。

第三章
抓好细节，机会就会来找你

繁琐的生活细节是每一个人天天都经历的，谁要是能够找到一种简便的、解开这种繁琐的方法，谁就找到了一把致富的金钥匙，而成功往往也属于那种善于在细节生活中捕捉机会的有心人。

细节中蕴藏着机会

细节中蕴藏着机会,但并不是所有的细节都可以带给我们机会,但如果不做,机会就永远不会降临。

细节是一种创造成功者与失败者之间究竟有多大差别的尺度。人与人之间在智力和体力上的差异并不如想象中的那么大。很多小事,一个人能做,另外的人也能做,只是做出来的效果不一样,往往是一些细节决定着完成的质量。生活中充满了细节,有人因为看不到细节,成功便无影无踪了,所以在瞬间抓住那些关乎成败的细节十分重要。

在日本,有一位家庭主妇叫中泽信子。1989 年,为了照顾瘫痪在床的婆婆,不得不放弃了每天到体校的减肥运动。信子又是一个生活很有规律的人,生活习惯的改变迫使她要找到另一种减肥的方法,来保持自己的体型。

一天,信子搞完楼梯卫生,无意中伸了一个懒腰,忽然间感到全身上下有说不出的舒爽,她发现这是踮脚运动产生的效果。她当即将拖鞋的鞋根剁掉,然后穿着这种没有后跟的拖鞋操劳;几个月下来,她发现不仅体重减轻了,而且腰疼的老毛病也得到了缓解。敏锐的信子马上抓住这一机会,从此诞生了"减肥拖鞋",并且很快风靡整个日本。

一心渴望有所成就,追求成功,成功却了无踪影;甘于平淡,认真做好每个细节,成功却不期而至,这就是细节的魅力,是水到渠成后的惊喜。注重细节的人,不仅能够认真对待工作,而且注重在做事的细节中找到机会,从而使自己走上成功之路。

塔玛拉·莫诺索夫是美国的一位商业顾问,曾在克林顿政府供过职。女儿索菲亚出生的时候，她辞职回到家中照顾女儿。不久她发现一件很闹心的事：索菲亚老是在她不注意的时候把厕所的卷筒纸拆开，弄得满地都是。

塔玛拉·莫诺索夫心烦之余，发明了一种特殊的纸筒插销，可以防止女儿再把纸拆开。后来，她将这种插销申请了专利，以每个 6.75 美元的价格向那些有孩子的父母及有猫、狗等宠物的人家兜售，一年后，她开始日进斗金。

看不到细节，或者不把细节当回事的人，对工作缺乏认真的态度，对事情只是敷衍了事。这种人无法把工作当作一种乐趣，而只是当作一种不得不受的苦役，因而在工作中缺乏热情。他们永远只能做别人分配给他们做的工作，即便这样也不能把事情做好。而考虑到细节、注重细节的人，不仅认真对待工作，将小事做细，而且注重在做事的细节中找到机会，从而使自己走上成功之路。

大千世界，人性相通。正因为繁琐的生活细节是每一个人都可能遇到的，所以谁要是能够找到一种简便的、解开这种繁琐的方法，谁就找到了一把致富的金钥匙。而成功，往往属于那种善于在细节生活中捕捉商机的有心人。台湾首富王永庆就是从细节中找到成功机会的人。

王永庆小时候因家贫读不起书，只好去做买卖。16 岁那年，王永庆从老家来到嘉义开了一家米店。当时，小小的嘉义已有近 30 家米店，竞争非常激烈。而仅有 200 元资金的王永庆，只能在偏僻的巷子里承租一个很小的铺面。他的米店开办最晚，规模最小，没有任何优势。刚开张时，生意冷冷清清，门可罗雀。

当时，一些老字号的米店分别占据了周围大的市场，而王永庆的米店因规模小、资金少，没法做大宗买卖，即使专门搞零售也是相当不顺。因为那些地点好的老字号米店在经营批发的同时，也兼做零售，没有人愿意到他这一地角偏僻的米店买货。

王永庆曾背着米挨家挨户去推销，但效果都不太好。

怎样才能打开销路呢？王永庆感觉到要想米店在市场上立足，自己就必须有一些别人没做到或做不到的优势才行。仔细思考之后，王永庆很快从提高米的质量和服务上找到了突破口。

20世纪30年代的台湾，农村还处在手工作业状态，稻谷收割与加工的技术很落后，稻谷收割后都是铺放在马路上晒干，然后脱粒，砂子、小石子之类的杂物很容易掺杂在里面。用户在做米饭之前，都要经过一道淘米的程序，用起来有很多不便，但买卖双方对此都习以为常，见怪不怪。王永庆却从这一司空见惯的现象中找到了切入点。他带领两个弟弟一齐动手，不辞辛苦，不怕麻烦，一点一点地将夹杂在米里的秕糠、砂石之类的杂物捡出来，然后再出售。这是非常琐细的工作，也是任何一个正常人都能做的事情，但正是这种需要花功夫的琐碎的、细节性的工作，使王永庆实现了提高性价比的目的。这样，王永庆米店卖的米的质量就要高一个档次，因而深受顾客好评，米店的生意也日渐红火起来。

在提高米质见到效果的同时，王永庆在服务上也更进一步。当时，用户都是自己前来买米，自己运送回家。这对于年轻人来说不算什么，但对于一些上了年纪的老年人，就是一个大大的不便了。王永庆注意到这一细节，于是超出常规，主动送货上门。这一方便顾客的服务措施大受顾客欢迎。当时还没有送货上门一说，增加这一服务项目等于是一项创举。

送货上门也有很多细节工作要做。即使是在今天，送货上门充其量是将货物送到客户家里并根据需要放到相应的位置，就算完事。那么，王永庆是怎样做的呢？

每次给新顾客送米，王永庆就细心记下这户人家米缸的容量，并且问明这家有多少人吃饭，有多少大人、多少小孩，每人饭量如何，据此估计该户人家下次买米的大概时间，记在本子上。到时候，不等顾客上门，他就主动将相应数量的米送到客户家里。

王永庆给顾客送米，并非送到了事，还要帮人家将米倒进米缸里。如果米缸里还有米，他就将旧米倒出来，将米缸擦干净，然后将新米倒进去，将旧米放在上层，这样，陈米就不至于因存放过久而变质。王永庆这一精细的服务令不少顾客深受感动，因此赢得了很多顾客。

王永庆正是把每次送米这件小事做得很细，才使他找到了更好地为客户服务的方式，使顾客成了他的忠实客户，为事业的进一步发展壮大奠定了基础。

王永庆精细、务实的服务方法，使嘉义人都知道在米市马路尽头的巷子里有一个卖好米并送货上门的王永庆。有了知名度后，王永庆的生意很快红火起来。这样，经过一年多的资金积累和客户积累，王永庆便自己办了个碾米厂，在离最繁华热闹的街道不远的临街处租了一处比原来大好几倍的房子，临街的一面用来做铺面，里间用作碾米厂。就这样，王永庆从小小的米店生意开始了他后来问鼎台湾首富的事业。

成功之本在于发现兴趣

人生的成功之本就在于发现自己的兴趣，选准自己的位置，找到成功的机会，永不放弃自身的追求。

人生总有一个最适合你的位置，它能让你的才能发挥得淋漓尽致。让你置身其中，即使忙忙碌碌也会不知疲倦，即使面对千难万险也不会想到退缩。你会为它痴狂，为它心醉，为它倾其一生，死而后已。

有这样一个面包师，自从生下来，就对面包有着无比浓厚的兴趣，闻到面包的香气就如醉如痴。

长大后，他如愿以偿地成了一名面包师。他做面包时，有三个条件缺一不可，要有绝对精良的面粉、黄油；要有一尘不染、闪光晶亮的器皿；伴奏的音乐要称心宜人。否则酝酿不出情绪，没有创作灵感。

他完全把面包当作艺术品，哪怕只有一勺黄油不新鲜，他也要大发雷霆，认为那简直是难以容忍的亵渎。哪一天要是没做面包，他就会满心愧疚。

所以，刻意的追求、迫切渴望成功的愿望，远不如在兴趣中走向成功之路来得自然。许多事情就是如此，当你不停地追逐，渴望发财或成功，去除像天边的云一样离你遥远。可当你丢弃掉那些庸俗的杂念专心致力于一项自己喜欢的事情时，一份意外收获却悄悄来到你身边。

心理学研究也表明：一个人做他感兴趣的事，可以发挥智力潜能的80%以上；而做不感兴趣的事情，则只能发挥智力潜能的20%左右。人的兴趣、才能、素质也是不同的。如果你不了解这一点，没有能把自己的所长利用起来，你所从事的行业需要的素质和才能正是你所缺乏的，那么，你将会自我埋没。反之，如果你有自知之明，善于设计自己，从事你最擅长的工作，你就会获得成功。

这方面的例子实在是太多了：达尔文学数学、医学呆头呆脑，一摸到动植物却灵光焕发；阿西莫夫是一个科普作家的同时也是一个自然科学家。一天上午，他坐在打字机前打字的时候，突然意识到："我不能成为第一流的科学家，却能够成为第一流的科普作家。"于是，他几乎把全部精力放在科普创作上，终于成了当代世界最著名的科普作家。伦琴原来学的是工程科学，他在老师孔特的影响下，做了一些物理实验，逐渐体会到，这就是最适合自己干的行业，后来果然成为一名有成就的物理学家。

一些遗传学家经过研究认为：人的正常的、中等的智力由一对基因所决定。另外还有5对次要的修饰基因，它们决定着人的特殊天赋，起着降低智力或升高智力的作用。一般来说，人的这5对次要基因总有一两对是"好"的。也就是说，一般人总有可能在某些特定的方面具有良好的天赋与素质。

每个人都具有特殊才能，既然如此，每个人都应该在各方面尽量灵活运用自己的这项特殊才能。事实上，偏偏有很多人以为自己所具有的这项才能，只是一些不登大雅之堂的"玩意儿"，根本不曾妄想过利用这项"小玩意儿"来提高身价。正因为我们怠于思考自己所拥有的才能，所以也懒得用上天赐予的最佳礼物。

下面是某广告公司总经理当年初入广告界的经历。

在20岁以前，这位总经理渴望成为一名技师。在学校时，他就很努力地充实自己有关这方面的知识。有一次，他想卖掉手边的一架唱机和唱片，于是选出了几位对这方面有兴趣的朋友，分别写信问他们，看谁愿意买。其中一位朋友看了信之后非常愿意购买，于是立刻回信，在这封回函里，这位朋友不断地夸赞他文笔流畅，颇具说服力。因此便建议他，既然能写出这么有魅力的推销信函，为什么不投入广告界从事撰写广告的工作呢？

朋友的这封信，就像一块小石头丢入水中，激起了阵阵涟漪，"投入广告界立志做个出色的广告人！"就此整日盘旋在他脑中。如果我们从另一个角度来看，当他立志要在广告界一展身手时，事实上，他便已经成功了。

希望大家能够记住这点，不管你从前是怎样评估自己的身价的，只要你能稍稍改变一下内心的想法，就能赢得不少机会，就能够彻底改变自己的人生!

对你而言,现阶段最重要的不是在你既有的能力上再加入一些新奇的力量,而是如何将你现在所拥有的能力百分之百地活用发挥。

这个道理就好比我们将砂糖加入咖啡中,如果不搅拌均匀的话,即使加了再多的糖,喝起来依然是苦涩的。所以,只要不停地搅拌你脑中的思考,必将你现在所具有的能力价值发挥无遗。

现在,让我们回头再来说明这个人生的大问题吧。第一要务并不是要立刻学得新的本领,而是应先将我们现有的才能发挥到极限。要使咖啡香甜,绝对不是一个劲儿地猛加砂糖;而是将已放入杯中的砂糖搅拌均匀,让甜味完全散发出来。

爱迪生在校学习时,老师以为他是一个愚笨的孩子,经常责怪他,而爱迪生的母亲却发现了自己儿子爱探究的天赋,用心培养他,后来他终于成了发明大王。

台湾作家三毛自幼对艺术的感受力极强,五年级上课时偷偷地读《红楼梦》,读到宝玉出走时,竟进入空灵忘我的状态,连老师叫她都不知道。她自己很快意识到文学就是自己的追求目标,此后专心于写作,成为人们喜爱的女作家。

国学大师钱锺书,1929年报考清华大学,数学只得了15分,但他的国文和英文成绩均名列前茅,被清华大学外国语言文学系录取。此后他发挥自己的优势,潜心钻研,成了学贯中西的奇才。可见,发现自己是何等重要。

三百六十行,行行出状元。但其"状元之才"之所以能够浮出水面,为世人称颂,就是因为他选择了适合自己的位置,机会自然会降临。

别让细节将机会夺走

海尔总裁张瑞敏说过,把简单的事做好就是不简单。伟大来自于平凡,成功来自于机会,机会来自于细节,而细节来自于用心。

中国道家创始人老子有句名言:"天下之大作于细,天下之难作于易"。意思是做大事必须从小事开始,天下的难事必定从容易的做起。

汪中求先生所著的《细节决定成败》一书一直畅销全国,为什么?原因在于:在此书中,汪先生列举了大量真实的案例,从思想观念出发,到细节造成的差距,忽视细节的代价,由细节的本质到细节的积累,深入浅出,清清楚楚,淋漓尽致地向读者展现了一个全新的观念,从做人、做事、做管理,到处体现了细节的重要性。

书中一个个的重要事例都深深吸引着读者的心:加加林的一个看似微小的动作——脱鞋穿袜走入飞船,表现了他的个人修养和素质,成就了太空飞行第一人;一位优秀的青年却由于一个简历的失误,失去了一个极佳的工作机会,药厂厂长的一口痰结束了一次外商合作的机会。"小事成就大事,细节成就完美"。

美国国务卿鲍尔,其出身、学历、仪表均极为平凡,但在国内却倍受美国民众推崇,成就了一番显赫事业,究其原因,与他本人注意细节的领导风格也不无关系。成功的领袖或管理大师多半认为:大礼不辞小让,大行不顾细谨。身为领导人,眼光要远、注意大事、少管细节。但是鲍尔却要求领导人一定要注意细节,并充分掌握信息的进出。他在担任参谋首长联席会议主席时,期间鹰派数次想发动战争,都因为他能够提出详实而精确的伤亡数字和代价而作罢。他认为如果能掌握细节,就会做出截然不同的决定。他说主管一定要清楚部门的状况,并安排掌握这些信息的管理,他认为领导人若消息灵通,就可以事前化解致命的伤害。

这就是细节的魅力,是水到渠成后的惊喜。官场如此,职场更是如此。细节既能为你的形象增光添彩,也能使你被动受损,正所谓"成也细节,败也细节"。因细节而坏了大事,也许你不服气,感到委屈,但你无法改变别人的想法,唯有检点自身的言行。

比如,求职时若不注意一些细节问题,就有可能会让你错失就业的良机。

陈平是一所理工大学的应届毕业生。参加招聘会的那天早晨,他不慎碰翻了水杯,将放在桌上的简历浸湿了。为尽快赶到会场,陈平只得将简历简单地晾了一下,便和其他材料一起匆匆塞进背包带了过去。在招聘现场,陈平看中了一家房地产公司的广告策划主管岗位,按照这家企业的要求,招聘人员将先与应聘者简单交谈,再收简历,被收简历的人将得到面试的机会。轮到陈平时,招聘人员问了陈平三个问题后,微笑着向他索要简历。而他掏出简历时才发现,简历上不光有一大片水渍,而且放在包里一揉,再加上钥匙等东西的划痕,已经不成样子了。小陈努力将它弄平整,恭敬地递了过去。看着这份伤痕累累的简历,招聘人员皱了皱眉头,还是收下了。但那份折皱的简历夹在一叠整洁的简历里,显得十分刺眼。

几天后的面试,陈平表现非常积极,无论是现场操作,还是为虚拟产品做口头推介,他都完成得不错,赢得了面试负责人的好评。当他结束面试走出办公室时,一位负责的小姐对他说:

"你是今天面试者中很出色的一位。"然而，面试过去一周后，小陈依然没有得到录用回复。他忍不住打电话询问情况。招聘人员沉默了一会儿，很遗憾地对他说："很遗憾您没有被我公司聘用。其实招聘负责人对你还是很满意的，但你败在了简历上。老总说，一个连简历都保管不好的人，是无法管理好一个部门的。"

由此可见，陈平求职失败不是因为他知识能力不济、面试表现不佳，而是因为在细节上出了差错，的确十分可惜。在求职面试中，招聘方考察的是应聘者的综合能力，不仅看你的专业素质是否符合他们的要求，而且你的言谈、举止，包括不经意间表现出的细节，他们都尽收眼底。尽管很多细节毫不起眼，但你的能力却往往会因这些细节而被提升或是降低。仅仅因为一份弄皱的简历而导致求职失败，陈平想必觉得委屈，但对他以及其他求职者来说，何尝不是一次"吃一堑，长一智"的机会呢。

陈平的经历也应了《细节决定成败》中的一些话语。如，"一些不经意中流露出来的'小节'往往能反映一个人深层次的素质"、"所谓绝招，是用细节的功夫堆砌出来的"、"我强调细节的重要性。如果你想经营出色，就必须使每一项最基本的工作都尽善尽美。"等等。它们犹如一面镜子，照出了我们身上存在的种种不足，给我们指出了努力的方向，那就是：无论何时何地，面对何人何事，我们一定要用心筹划、用心去做，凡事未雨绸缪、考虑全面细致，凡事要有强烈的责任感，要不断提升自己的内在素养。

一屋不扫，何以扫天下

要"扫天下"，还须从日常工作生活中的一件件有益的小事做起。这样才能抓住每一个可能改变我们命运的机会。

东汉时期，有一个少年名叫陈蕃，独居一室，而宅院龌龊不堪。他父亲的朋友薛勤批评他，问他为何不把居室打扫干净再来迎接宾客。他回答说："大丈夫处世，当扫除天下，安事一屋？"薛勤当即反驳道："一屋不扫，何以扫天下？"陈蕃立即哑口无言了。

"陈蕃现象"显然是不正常的。"一屋不扫，何以扫天下"这是问题的要害。诚然，一个人有远大的崇高的理想，这是很好的。但是，光有"扫天下"的理想，而不去做许许多多切实细致的工作，那么，他的理想只能是不切实际的幻想！因为任何事物都是由小到大，由微而著的，按一般规律而言，一个不肯干"小事"者，很难设想他肯干"大事"，只有平时乐于干"小事"的人，才有可能成就大事业。

凡事总是由小至大，正所谓集腋成裘，必须按一定的步骤程序去做。《诗经·大雅》的《思齐》篇中也有"刑于寡妻，至于兄弟，以御于家邦"之语，意思就是先给自己的妻子做榜样，推广到兄弟，再进一步治理好一家一国。试想，一个不愿扫一屋的人，当他着手办一件大事时，他必然会忽视它的初始环节和基础步骤，因为这对于他来说也不过是扫一屋之类的事情。于是这事业便如同一座没有打好地基的建筑一样，华而不实，连三四级地震也经不起，那可真是"岌岌乎殆哉"了。

"千里之行,始于足下。"、"机遇只偏爱那些有准备的头脑。"

这些都说明了没有平日的积累，纵然有最好的命运降临到他头上，他也只能手足无措地眼望它擦肩而过，那将是多么遗憾的事啊！所以我们必须先会"扫屋"，分清楚应先扫地还是先洒水，抑或是先拖地板，这样，在"扫天下"时，你才会知道哪些是应该马上解决的，哪些事可以暂缓，甚至放弃。

我们敬爱的周总理堪称欲扫天下而先扫一屋的代表，他从小就立下了"为中华之崛起而读书"的宏伟目标。在他的青少年时代，学习成绩是一流的，社会活动是广泛的。他办过报纸，写过文章，做过洋洋万言的演讲，有过人的口才与机敏，这些对于他日后出任总理时的雄才大略不能不说有相当大的影响。假若他没有当年脚踏实地的"扫地"工作，那么，当他面对一个6亿人口的泱泱大国，面对纷繁复杂的国内外局势，面对那些突如其来的天灾人祸，他能够当好日理万机的国家总理吗？这说明周总理"扫天下"的光辉革命业绩与他早年的"扫屋"工作是分不开的。

"扫屋"与"扫天下"一脉相承，殊不知屋也是天下的一部分，"扫天下"又怎么能排斥"扫一屋"呢？

在某大学的茶话会上，忽然电灯熄了，有的学生就利用这黑暗的空隙交谈起来。一个说："我是修大气物理的。"另一个说："我在修生物工程。"第三个说："我在修国际贸易。"这时，背后突然传来训导长的声音："哪一位修保险丝？"可见，许多人口中夸夸其谈，而连修保险丝这样的小事都没人做，只见大事不从小事也就由此可以窥见一斑了。

当然，也有的人能从小事做起，把小事做细做好。有一位大学生毕业后，最大的梦想就是做一名翻译。她被分到英国大使馆，她很高兴。但是后来才知道，她担任的工作只是个接线员，一个被别人看不起的最没有前途的岗位，然而，她并没有自暴自弃，而是慢慢学着喜欢这个岗位。她把使馆所有人的名字、电话号码和工作都一一记在本子上,一有时间就默诵,她还记住使馆人员家属的电话和姓名,最后,还尽可能地掌握大使馆人员的工作情况。当有电话打进来,她总是以最快的速度接听,要找外出的工作人员的,她会告诉对方他外出了,什么时候可能回来,而这些都是其他人做不到的,她快速、准确的服务不仅使使馆工作人员得到很多方便,而且当地许多政府部门的工作人员都对之赞不绝口。后来,大使也注意到这个工作努力的姑娘,每次外出工作时,都不忘告诉她。在大使的推荐下,她成为英国一家著名媒体的翻译。尔后她又以出色的表现成为美国驻华联络处翻译人员,并受到外交部的嘉奖。现在,她的身份是北京一所大学的副校长。

放眼世界,许多大人物,许多成功的范例,当初都是从小事做起的,凡事不怕小的人,往往属于卧薪尝胆的人,也是最愿意以功夫说话的人,不怕小的人,大概才是什么都做得来的。

因小失大,得不偿失

细节是一种习惯,是一种积累,也是一种眼光,一种智慧,是一种长期的准备。在工作和生活中,如果我们关注了细节,就可以获得一些机遇,也就为成功奠定了一定的基础。

老子曾说:"天下难事,必做于易;天下大事,必做于细",想成就一番事业,必须从简单细微之处入手。一心渴望碰到良机、追求成功,成功却了无踪影;甘于平淡,认真做好每个细节,成功才会不期而至,这也就是细节的魅力。我们普通人,大量的日子,很显然都在做一些小事,怕只怕小事也做不好,小事也做不到位。身边有很多人,不屑于做具体的事,总盲目地相信"天将降大任于斯人也"。

美国好莱坞超级巨星汤姆·克鲁斯，为人所共知。而在他年轻时，想走演艺路线，却苦无机会，也曾被片商以"皮肤太黑"、"不够英俊"拒于门外。后来，在一名经纪人的推荐下，他获得了一个"一闪即逝"的小角色，也就是在电影《无尽的爱》中饰演一个十多岁的纵火犯。

汤姆·克鲁斯演完了这名纵火犯，没有拿一分钱，就搭便车回家了。可是，慢慢地，汤姆·克鲁斯又因其他一名演员临时退出，而获得一个可露脸久一点的小角色。也因此，他轮廓分明的脸开始被导演和制片人所注意。渐渐地，随着汤姆·克鲁斯露脸机会的增多，人们也开始注意到了这位演员。在《捍卫战士》一片中，他饰演了一名飞行员，戴着一副墨镜，真是"帅死了、酷毙了"，从此开始走红！如今，他屹立于电影圈20年，成为名利双收的超级巨星，并且创造了数十亿美元的电影票房佳绩。

说真的，要演一个"一闪即逝、没名没姓"的纵火犯，而且没有酬劳，相信很多人都不愿意。可是，汤姆·克鲁斯却凭着对演艺事业的热爱，别人不演，他肯演，最后一步步地成就了自己，成为"影坛的巨人"。

其实，刚踏入社会的年轻人，哪能一出场就是大明星、当主角呢？在台上红得发紫的大明星，哪一个不是从小角色、跑龙套、从没名没姓开始做起的呢？所以，古人说："做事不贪大，做人不计小"，凡事都必须从小开始，打下基础，才能一步步地走向成功。

小事不可小看，小事可以看出一个人做事的态度、风格、个性与责任感。一个做小事认真负责的人，一个注重细节的人，一个追求完美的人，一个顾大局、谋大局的人，他既能把小事做好，也同样能把大事做好，所以他也就有更多的机会。

现如今不少人心浮气躁，不少事浅尝辄止。在追求成就的今天，人们似乎很难坐下来心平气和、认认真真地做一件事情。求快、求发展是我们每个人的心愿，不论是做人、做事还是做管理，都应当踏踏实实，从实际出发，从大处着手，从小事做起。企业做大、做强，要靠每一位管理者、靠每一位员工素质的提高。素质来自于日常生活中一点一滴的细节积累，这种积累是一种功夫。"世事洞明皆学问，人情练达即文章。"

有一个关于细节的不等式：$100-1 \neq 99, 100-1=0$。功亏一篑，1% 的错误会导致 100% 的失败。

不积跬步，无以至千里；不积细流，无以成江海。有时我们感觉成功的机会离我们太遥远，其实成功机会就来源于我们日常生活和工作中一点一滴的积累，任何希图侥幸、立时有成的想法都注定要失败的。细节看似偶然，实则孕育着成功的机会。细节不是孤立存在的，就像浪花显示了大海的美丽，但必须依托于大海才能存在一样。

"使人疲惫的不是远方的高山，而是鞋里的一粒沙子。"在生活的道路上，我们应该不断思考，想想阻碍我们前行的到底是什么？在生活中，我也不断提醒自己，认真仔细，这是做人的本分，否则会因小失大，得不偿失。

全力以赴去做事

对于我们每一个人来说，不要自我设限。每天都大声地告诉自己：我是最棒的，我一定会成功！这样才能抓住那些稍纵即逝的机会。

人生是一个过程，那就会遇到许多的事情，考验着你的毅力与耐心。我们在生活中会有意无意地给自己的工作设置一个界限。结果是一旦不能突破,就会退缩到安全的界限内,同时还会给自己一个安慰,并告诉自己:算了吧,自己就这个能力,这已经很不错了。殊不知就这么简单的一句话,就是你成功与失败的分界线。

有这么一个故事。讲的是一位推销员,年营业额从4万美元一下子攀升到十余万美元,很多人在羡慕之余纷纷向他请教。

他笑着回答说,那是因为他学到了一件事,才使得业绩成倍数增长,那件事就是学会如何训练跳蚤。

训练跳蚤的实验,相信很多人都是知道的。实验是这样的:他往一个玻璃杯里放进一只跳蚤,跳蚤立即轻易地跳了出来。再重复几遍,结果还是一样。根据测试,跳蚤跳的高度一般可达到它身高的400倍左右。

接下来实验者再次把这只跳蚤放进杯子里,不过这次在杯上加了一个玻璃盖,"嘣"的一声,跳蚤重重地撞在玻璃盖上。跳蚤虽然困惑,但是它不会停下来,因为跳蚤的生活方式就是"跳"。一次次被撞,跳蚤开始变得聪明起来了,它开始根据盖子的高度来调整自己跳的高度。再一阵子以后呢,这只跳蚤再也没有撞击到这个盖子,而是在盖子下面自由地跳动。

一天后,实验者把这个盖子轻轻拿掉了,它还是在原来的这个高度继续地跳。3天以后,他发现这只跳蚤还在那里跳。一周以后,这只可怜的跳蚤还在这个玻璃杯里不停地跳着,其实它已经跳不出这个玻璃杯了。

生活中,很多人都在过着"跳蚤人生"。年轻时意气风发,屡屡去尝试成功,但是往往事与愿违,屡屡失败。几次失败以后,他们便开始不是抱怨这个世界的不公平,就是怀疑自己的能力,他们不是千方百计地去追求成功,而是一再地降低成功的标准,即使原有的一切限制已取消。就像刚才的"玻璃盖"虽然被取掉,但他们早已经被撞怕了,或者已习惯了,不再跳上新的高度了。人们往往因为害怕去追求成功而甘愿忍受失败者的生活。

但是,前述那位成功的推销员,非但没有受到消极的影响,反而为自己摆脱失败的阴影而找对策。于是,他给自己设定一个目标,每当遇上瓶颈时,就激励自己:"我一定要打破纪录,成为世界上最优秀的推销员。"

他要求自己每天都要卖出 350 美元的商品,这种决心使得他的生意在一年之内增加了 3 倍。不仅如此,他还应用了这些"目标达成"和"跳蚤训练"的原理,一举成为美国著名的演说家和销售训练员之一。

其实,困难在我们的人生路上是无处不在、无时不在的,如果你一味逃避的话,那你将永远无法前进。我们许多的人都有这样的思想,一旦碰到困难,总是轻易地放过自己,用各种理由来原谅自己,将自己放得远远的,唯恐自己受到什么伤害,影响了自己的人生。为了给自己一点信心,还美其名曰:进一步退三步,原谅自己。久而久之,人生的路只能是越来越窄,希望也越来越渺茫,到最终甚至看不到出口。

人生不能没有目标,没有目标的人生是盲目的人生,是没有激情的人生。你可以为自己的人生设定一个目标,并有计划地为自己的能力加码,不要给自己的逃避找借口,为自己开脱。坚信自己的既定目标,相信自己,只要自己努力,固守自己的目标,用心去开拓,精心去经营,不要给自己的人生设限,这样,你的人生将会风采无限。事情还没有开始就选择逃避的人,肯定不会成功。一件事情如果你去做了,你就有 0.1% 的希望成功,如果你不去做,连 0.001% 的希望也没有。

第四章
瞄准目标,付出总有收获

目标牵引成长,过程充盈人生。缺少目标的行动是徒劳的;机会从来不属于没有准备的人;不要在一棵树上吊死,放眼世界,遍地机会,只要努力,总有收获。

目标决定你能走多远

　　一个人若没有人生目标，没有了追求成长与成功的动向与努力，机会又怎么会光顾他呢？

　　人生的结局最终是死亡，人生的意义在于死亡的过程，如果忽略那些死亡的花絮，人生就空空如也。也许人生的轨道不易改变，但过程的感受与所选择的"交通工具"却可以改变。"伟人便是那些领悟出思想能统治世界的人。""心智所在之处，它本身便能化天堂为地狱，化地狱为天堂。"

　　现实生活中，很多人经常会发出这样的感慨：日子过得没有激情，不过是日复一日、年复一年地打发光阴，除了一天老似一天，一天消沉于一天外，别的什么也看不到，生活只是做一天和尚撞一天钟而已。其实造成这种心态的原因，就是因为他们没有明确的高远的人生目标！你为什么没有想象中成功，就是因为你没有立下远大的目标。杰出人士与平庸之辈的根本差别并不是天赋、机遇，而在于有无目标。

　　我们都有这样的体会：当你确定只走1公里路的目标，在完成0.8公里时，便会有可能感觉到累而松懈下来，因为想着反正快到目标了，无所谓快慢了。但如果你的目标是要走10公里路程，那么在出发之前，你就会做好思想准备和其他准备，调动各方面的潜在力量，这样走七八公里后，才可能会稍微放松一点。由此可见，设定一个远大的目标，才能让人生之路走得更长更远。

　　您是否听说过这样一个故事？说有一年，一群意气风发的天之骄子从美国哈佛大学毕业了，他们即将开始走向社会。他们的智力、学历、环境条件都相差无几。在临出校门前，哈佛对他们进行了一次关于人生目标的调查。结果是这样的：27%的人没有目标；60%的人目标模糊；10%的人有清晰但比较短期的目标；3%的人有清晰而长远的目标。

25年后，哈佛再次对这群学生进行了跟踪调查。结果又是这样的：

3%的人，25年间他们朝着一个方向不懈努力，几乎都成为社会各界的成功人士，其中不乏行业领袖、社会精英。

10%的人，他们的短期目标不断地实现，成为各个领域中的专业人士，大都生活在社会的中上层。

60%的人，他们安稳地生活与工作，但都没有什么特别成绩，几乎都生活在社会的中下层。

剩下27%的人，他们的生活没有目标，过得很不如意，并且常常抱怨他人、抱怨社会。

其实，他们之间成功与否的差别仅仅在于：25年前，他们中的一些人清楚地知道自己的人生目标，而另一些人则不清楚或不很清楚。

还有这样一则关于目标的故事。唐太宗贞观年间，长安城西的一家磨坊里，有一匹马和一头驴子。它们是好朋友，马在外面拉东西，驴子在屋里推磨。贞观三年，这匹马被玄奘大师选中，出发经西域前往印度取经。

17年后，这匹马驮着佛经回到长安。它重到磨坊会见驴子朋友。老马谈起这次旅途的经历：浩瀚无边的沙漠，高入云霄的山岭，凌峰的冰雪，热海的波澜……那些神话般的境界，使驴子听了实为惊异。驴子惊叹道："你有多么丰富的见闻啊！那么遥远的道路，我连想都不敢想。""其实，"老马说，"我们跨过的距离是大体相等的，当我向西域前进的时候，你一步也没停止。不同的是，我同玄奘大师有一个遥远的目标，按照始终如一的方向前进，所以我们打开了一个广阔的世界。而你被蒙住了眼睛，一生就围着磨盘打转，所以永远也走不出这个狭隘的天地。"

故事简单易懂，但我们从中却能看到一些生活的本质。芸芸众生中，真正的天才与白痴都是极少数，绝大多数人的智力都相差不多。然而，这些人在走过漫长的人生之路后，有的功盖天下，有的却碌碌无为。本是智力相近的一群人，为何取得的成就却有天壤之别呢？

事实上，杰出人士与平庸之辈最根本的差别并不在于天赋，而在于有无人生的目标！有了目标自然就会有机遇，就像那匹老马与驴子，当老马始终如一地向西天前进时，驴子只是围着磨盘打转。尽管驴子一生所跨出的步子与老马相差无几，可因为缺乏目标，它一生始终走不出那个狭隘的天地。当然，这只是一个比喻。对人而言，也有启发作用。如果换一种生活方式、工作方式，不也就会柳暗花明了吗？

生活的道理同样如此。对于没有目标的人来说，岁月的流逝只意味着年龄的增长，平庸的他们只能日复一日地重复自己，不可能抓住任何机会。所以应该铭记，如果要成功，就要首先为自己制定下远大的目标。

蓄势待发，抓住机遇一鸣惊人

事物总在不断变化，所谓"一切皆流，一切皆变"。因此，不要害怕等待，等待中间有机会。

做事切不可幻想立竿见影，马到成功。有时必须学会等待，当然，这等待不是消极无为，听天由命，而是积极准备，蓄势待发，放长线钓大鱼。伺机而动，才能把事物层层剖析清楚之后再步步为营，稳操胜券。

很多人却错误地认为，等待是可耻的，是无能的表现，是消极的行为，事情发生总应该有所行动。然而"性躁心急者一事无成，心平气和者百福同集"，抑制不良的欲望，就要保持一颗平常心，赶走狂妄的情绪。世界上没有无缘无故的事情，问问你自己是否保持了清醒与理智。理性是我们战斗的武器，而稳定的情绪与平静的心境又是成功的助跑器。

唐代武则天时，湖州别驾苏无名以善于侦破疑难案件而闻名朝野。一次，他到神都洛阳，恰巧碰到武则天的爱女太平公主的一批宝物被盗，武则天诏令破案。

原来，一次，武则天赏赐给太平公主各种珍贵宝器共两盒，价值黄金千两。太平公主收到母亲这批赐物，即带回家中密藏了起来。但是，一年之后宝物不翼而飞。这是圣上御赐的宝物，太平公主不敢隐瞒，立即告诉了武则天。

武则天知道后，认为有损她的脸面，恼羞成怒，立即召来洛州长史，诏令他两日内破案，如限期之内不能缉盗归案，则以渎职、欺君问罪。

洛州长史恐惧万分，急忙召来州属两县主持治安和缉盗的官员，向他们投下制签，下令两日之内破案，否则处以死罪。两县的缉盗官员们无力破获这样的大案，只是依照长史的做法，召来一班吏卒，严令他们在一日之内破案，否则也是处以死罪。一件疑难大案的侦破任务，便如此一层一层地推了下来。

无法再往下推的吏卒们手中拿着上司的死命令，一时慌了手脚，只得来到神都大街上碰运气。恰好，他们碰上了进京的苏无名，于是便一拥而上将这桩"御案"告诉了他。苏无名听完后，吩咐他们如此如此，便同他们一块来到衙门。一进衙门，这班吏卒向着主管缉盗的官员高呼："捉住盗贼了！"他们的话音还未落地，苏无名已应声进了厅堂。缉盗官一问，眼前来的乃是湖州别驾苏无名，使转身怒斥吏卒们："胆大妄为之徒，怎能如此侮辱别驾大人！"

苏无名一见缉盗官训斥下属，便朗声大笑道："不要怪罪他们。他们请我来此为的是侦破公主万金被盗的御批大案！"缉盗官一听苏无名是为破案而来，惊喜万分，便急忙向苏无名请教破案的妙策。苏无名不动声色，只是说："你我立即去见洛州府长史。见了长史，你只需告诉他，御案由我湖州别驾苏无名来主持侦破即可。"缉盗官依了苏无名的主意，带他前往洛州府。

缉盗官和苏无名二人双双来到洛州府。长史一听破案有了指望，立即行礼迎接苏无名，感激涕零地拉着苏无名的手说道："今日得遇明公，是苍天有眼，赐我一条生路啊！"说完，洛州府长史摒退左右，向苏无名征询破案的妙策。苏无名依然不急不忙地说："请府君带我求见圣上。在圣上玉旨之下，我苏无名自有话说！"洛州府长史急于破案交差，立即上疏朝廷荐举苏无名破案。

苏无名心中已有了破案之策，于是他不急不躁，以查出贼踪，故而他见了缉盗官，又要见长史，见了长史，又要进见圣上，这一系列的举措都是有目的的。

武则天看过洛州府长史的上书后，决定立即召见湖州别驾苏无名。

在神都洛阳的宫殿上，苏无名见到了武周皇帝武则天。武则天劈头一句便问："你果真能为朕捉到盗宝的贼人吗？"苏无名答道："臣能破案！如果圣上委臣破案，请依臣三事：第一，在时间上不能限制；第二，请圣上慈悲为怀，宽谅两县的官员；第三，请圣上将两县的吏卒交臣差使。如依得臣下所请三事，臣下将在两个月内，擒获此案盗贼，交付陛下。"

三分靠机会，七分靠打拼

武则天听完之后，看了看苏无名，便点头应允了他的条件。谁知苏无名奉旨接办御案之后，没有动静，一晃就是一个多月的光景过去了。一年一度的寒食节来临了。这天，苏无名召集两县大小吏卒会于一堂，准备破案。他吩咐，所有破案人员全部改装为寻常百姓，分头前往洛州的东、北二门附近巡游侦查。无论哪一组，凡是遇见胡人身穿孝服，出门往北邙山哭丧的队伍，必须立即派人员跟踪盯上，不得打草惊蛇，只须派人回衙报告即可。

这边苏无名刚刚坐定，就见一个吏卒喜滋滋地赶了回来。他告诉苏无名，已经侦得一伙胡人，其情形正如苏无名所说，此刻已在北邙山，请苏无名赶去定夺。苏无名听后，立即下令衙役备马，与来人赶往北邙山坟场。到达之后，苏无名询问盯梢的吏卒："胡人进了坟场之后表现如何？"吏卒回报说："一切如别驾大人所料，这伙胡人身着孝服，来到一座新坟前祭奠，但他们的哭声没有哀恸之情，烧些纸钱之后，即环绕着新坟察看，看后似乎在相互对视而笑。"苏无名听到这里，大喜击掌，说道："窃贼已破！"立即下令拘捕那批致哀的胡人，同时打开新坟，揭棺验看。吏卒奉命逮捕了胡人，但对开棺之令不免犹豫不前。苏无名见状，笑道："诸位不必疑虑，开棺取赃，破案必在此举！"于是，吏卒们动手掘坟开棺。随着棺盖缓缓开启，棺内尽是璀璨夺目的珠宝。检点对勘之后，证实这些正是太平公主所失的宝物。

苏无名一举侦破太平公主的失窃大案，震动了神都洛阳。武则天下旨再次召见苏无名，问他是如何断出此案的。苏无名应召进殿，对道："臣下并没有什么特殊的神谋妙计，来神都汇报工作的途中，曾在城郊邂逅了这批胡人。凭借臣下多年办案的经验，当即断定他们是窃贼，只是一时还不知他们下葬埋藏的地点，只得耐心等待。寒食节一到，依民俗，人们是要到墓地祭扫的。我料定这批借下葬之名而掩埋赃物的胡盗，必定会趁这机会出城取赃，然后相机席卷宝物逃走。因此臣下差遣两县吏卒便装跟踪，摸清他们埋下宝物的地点。据侦查的吏卒报告，他们祭奠时不见悲切之情，说明地下所葬不是死人；他们巡视新坟相视而笑，说明他们看到新坟未被人发觉，为宝物仍在坟中而高兴。因此我决定开棺取证，果然无误！"

苏无名继续说道："假如此案依陛下两天之限，强令府县去侦破，结果必因风声太紧，盗贼们狗急跳墙，轻则取宝逃亡，重则毁宝藏身。那么，在证毁贼逃的情况下，再去缉盗追宝，就势必事倍功半了。所以陛下急破之策不宜行，急则无功。现在，官府不急于缉盗，欲擒故纵，盗贼认为事态平缓，就会暂时将棺中宝物放在那里。只要宝物依然还在神都近郊，我破案捕盗就轻如囊中取物！"

苏无名的一番话，说明这样一个道理，做什么事都不能急于求成，必要时敢于放弃，然后善于收手。耐心等待，不急不躁，伺机而动才能把事理层层剖析清楚之后步步为营，稳操胜券。人生路上，既要健步如飞，又需稳妥前行。脚踏实地地坚持不懈，机会总会垂青于你。进退自如是英雄。

直逼目标，增加成功可能性

直逼你的目标，你会更加容易把握机遇，更加容易战胜怯弱的自我，在艰辛的劳作之后取得成功。

成功与失败也有两极分化的马太效应。成功会使人越自信，越能成功；而失败会使人越失败，离成功越来越远。拿破仑一生曾打过100多次胜仗，胜利使他坚信自己会所向披靡，而使敌人闻风丧胆。古语所说的"屋漏偏逢连夜雨"、"祸不单行"正是这种现象的写照。

所以你的目标确定以后，就是要坚持，一定要找出办法来，将其实现。如果一味放弃的话，只能导致你越来越不自信，越来越远离成功的机会。

许多人不可谓不辛苦，花的时间、用的精力不可谓不多，但为何他的人生从来就没有成功过，始终未见成果？

其实成功也很简单，那就是直逼你的目标。坚持，坚持，再坚持。

有些人总是抱怨自己缺乏书本知识，抱怨自己没有开发新领域的机遇，抱怨命运的不公平。要知道抱怨是于事无补的。抓紧时间，勤奋学习，明确自己的奋斗目标，然后，围绕目标，千方百计，攻坚破难，仍然不失为走向成功的一个好方法。这就要求：直接对准选定的创造目标，直接进入创造状态，建立知识输入、知识积累的有序性，即根据创造需要储存知识、补充知识，而不搞烦琐的知识准备。

爱因斯坦为什么年仅 26 岁时就在物理学的几个领域做出第一流的贡献？达·芬奇为什么能成为"全才"？仅仅是因为他们的天赋吗？可以说，许多科学家能迅速取得成功都在不同程度上使用过这种"直接法"。试想，当时爱因斯坦 20 多岁，学习物理学的时间不算长，作为一个业余研究者，他的时间更是极为有限。而物理学的知识浩如烟海，如果他不是运用直接目标法，就不可能在物理学的三个领域都取得第一流的成就。他在《自述》中说："我看数学分成许多专门领域，每一个领域都能费尽我们所能有的短暂的一生，物理学也分成了各个领域，其中每一个领域都能吞噬短暂的一生……可是，在这个领域里，我不久就学会了识别出那种能导致深邃知识的东西，而把其他许多东西撇开不管，把许多充塞脑袋，并使偏离主要目标的东西撇开不管。"

运用直逼目标的方法有哪些好处呢？其一是可以早出成果，快出成果；其二是有利于高效地学习，有利于建立自己独特的最佳知识结构，并据此发现自己过去未发挥的优点，使独创性的思想产生。直逼目标还可以使大胆的"外行人"毅然闯入某一领域并使之得以突破。DNA双螺旋结构分子模型的发现就是有力的例证。被誉为"生物学的革命"这个20世纪以来生物科学最伟大的发现者是沃森和克里克，两人当时都很年轻（沃森当时仅25岁），而且都是半路出家。他们从认识到合作，从决定着手研究到提出DNA双螺旋结构分子模型，历时仅一年半。可以说，如果沃森他们不是直逼目标，是不可能在短短的时间内获得如此巨大的成功的。

杨振宁教授认为有些知识不见得非学透、学懂，有个大概印象即可，用时再细学。美国心理学家雷亚德认为："就一般情况而论，多数人都是等到开始工作的时候，方才到处请教学习。"讲的也是这个道理。

直逼目标虽然是把握机遇、创造机遇的好方法，但也要运用得当。对准创造目标并不意味着没有一点知识也可以进入创造状态，而是指只有在阶段时间内集中精力掌握某一领域所必备的知识，才能较快地取得成功。

让计划与目标保持同步更新

不管你需要的是什么，只要你真的想得到它，并且不断地想要得到它，只要你希望获得的东西是在合理的范围之内，只要你相信你能得到它，你就一定会得到。

对自己的每一个目标，要考虑有关的资料，搜集有助于自己目标完成的材料，如报纸、书籍、磁带、杂志上剪下的图画、消费报告、彩色样品等，并乐于利用这些。

经常与成功者或有关的专家交往，取得他们的帮助，要认真区分谁是不诚实的人，谁是真心要帮助你的人。

另外，下面这些训练将有助于你找准人生的航向。

1. 审问你自己

在你的内心审问一下自己："到这个世界，我想要什么？我要达到什么样的目的？我树起了人生的灯塔了吗？""我想要什么"就是你的人生目标；而你的人生灯塔，就是你远航的起跑线。没有目标，就没有前进的方向；没有起跑线，就无从规划自己的航程。

绘制你的梦想蓝图——专门留出一个特定的时间，思考规划你的理想。避开一切干扰，别让他人打断你的思路。你可以选择一个比较幽静的地方，然后独自发问，并写下这些问题的答案：

（1）在我的一生中，我能想象自己做出的最伟大的事情是什么？

（2）我这辈子到底想要什么？我的欲求何在？

（3）我有什么才干和天赋？哪些事我干起来最得心应手，或比我认识的人做得更好？

（4）我对什么事最有激情？什么东西最使我神往冲动？如果有，是什么？

（5）我所处的时代和环境有何特别之处？哪些因素容易产生成功的机会，并把它们记下来。

（6）我羡慕的成功人士有哪些？我应该学习他们的哪些优点？

上述过程要每年重复一次，或者在你觉得有必要时就重做一次。这样便于及时修正你的目标。如果几年来你抱着同一个理想,而且你觉得在新环境中产生的这个理想更具魅力,那么,你就很可能已瞄准了你人生中的一个最理想的目标了。目标一旦确定,你就要通过各种方式把它表现出来,变成具体可行的计划和行动。把你的目标清楚地表述出来,可以使你集中精力,发挥你的潜能,让梦想一步步靠近你。

2. 立即行动

目标制订以后,你就要立即行动了。"三思而后行",千万不要"三思而不行"。那种"思想的巨人、行动的矮子"终将一事无成。苦思冥想,而不去实践,只能是白日做梦。

(1)每天早晨将你的梦想清单和人生目标大声念一遍。

(2)精心规划各个时期的进度。你可以按小时、按天或按月去制定。

(3)切实保证计划的实施。

你应该先做出决定:什么是你一生中的主要目标,把它写下来,贴在你每天早上起床之后和每晚就寝之前都容易看得到的地方。

不要拖延,你已经知道,你要烧的木材必须由你自己来砍,你喝的水要自己来挑,你生命中明确的主要目标要由你自己来决定,那么为什么不尽快实行你早已知道的道理与原则呢?

从现在开始,分析你的欲望,找出你真正需要的,然后下定决心去得到它。当你要选择你"明确的主要目标"时,必须谨记,不能把目标定得太高太远。另外,还要记住一个永远不变的真理:如果不在一开始就定下明确的目标,那么你将无所成就。如果你生命中的目标模糊不清,你的成就也将难以确定,即使有的话,也微不足道。要先弄清楚你自己需要什么,什么时候需要,你为什么需要,以及你打算如何得到。

你明确的主要目标应该成为你的"嗜好"。你应该随时带着这项"嗜好"开车,你应该带着它睡觉、吃饭、玩耍、工作,和它生活在一起,时时"想"着它。这样成功的机会才会眷顾于你。

你已拥有了成功的钥匙。所要做的,只是打开成功殿堂的大门,然后走进去。但必须是你走到殿堂门前,它是不会走到你面前的。如果你对这些法则尚不大熟悉,你最初的进度一定不顺利。你将跌倒很多次,但一定要继续往前走。很快你将爬到山顶,你将看到下面山谷中丰富的"知识"财产,那将是你信心与努力的报酬。

目标有了,就该追逐了

你首先必须要有崇高的目标,然后为这些目标付诸行动,才能抓住你想要的机会。

成功的人,他们在成功之前,早就确立了自己的人生目标,他们的成功,只不过是长期地向着目标坚持不懈地努力的结果。

目标和努力,都是成功的要素。靶子在前枪在手,意味着你已经有了目标和实现目标的基本条件。但是,你能否击中靶心,这依赖于你的枪法。而枪法是练出来的,需要付出相当努力才行。

一位大师曾这样讲道:成功就是你通过自己的努力实现了预定的目标。

在一个炎热的夏天,一群铁路工人在路基上工作,这时,一列列车缓缓向他们的方向开过来。火车的到来打断了他们的工作。一会儿工夫,火车停了下来。最后一节特制车厢的窗户被人打开了,一个低沉的、友好的声音响了起来:"约翰,是你吗?"

约翰·安德森——这群人的负责人回答说:"是我,本恩,见到你真高兴！最近工作忙吗？身体还好吧。"

于是，约翰·安德森和本恩·墨菲——铁路的总裁进行了愉快的交谈。在长达一个多小时的愉快交谈之后，两人亲切地握手告别。

本恩离开后，约翰·安德森的下属立刻包围了他，他们对于他是铁路总裁墨菲的朋友感到十分惊讶。约翰解释说，二十多年以前他和本恩·墨菲是同一天进入公司，开始为这条铁路工作的。

听完约翰的话，其中一个人开玩笑地问："约翰，既然是同一天到来，为什么你现在仍在烈日下辛苦地工作，而本恩·墨菲却成了总裁？"大卫苦闷地说："二十多年前，我是为了每天15美元的薪水而工作，而本恩·墨菲却是为这条铁路而工作，那时他的目标就是当铁路公司的总裁的。"

事实告诉我们，如果你为赚钱而努力，那么你可能会赚很多钱。但是，如果你想干一番事业，那么你就必须在你成功之前，为自己设立一个明确的目标，然后，你才能直奔目标前进。

值得注意的是，无论你的目标多么明确和崇高，它都不会自动走到你的面前。如果你只是看着它，却不设法向它靠近，它对你的意义也许只是象征性的，这表明你并不是一个心无大志的人。除此之外，没有任何实际意义。只有通过积极的行动，你的目标才会在你的人生中大放异彩。

目标并不是越大越好。心理学家认为，太难和太容易的事，都不容易激发人的热情和斗志。"志当存高远"，但立志并非越高远越好。目标不是幻想，也不是空想，强调实行与实现。好高骛远，想入非非，沉溺于幻想，却无法为这些美妙的想法采取实质性的行动，更无法实现它们，这样的目标没有任何价值。

目标应该有助于我们每天都达到最好的状态，同时让我们为明天准备得更好。所以，目标要具体，时间期限要明确，可操作性要强。只有具体、明确并有时限的目标才具有行动指导和激励的价值。当你决定在特定的时限内完成特定的任务，你就会集中精力，开动脑筋，调动自己和他人的潜力。如果目标只是空洞的口号，没有可操作性，便会丧失目标的约束性，形同虚设。

我们在制定目标时，一定要根据自己的经验阅历、素质特色、所处的环境条件等，使我们的目标既高出现实水平，又要基本可行。将大目标分割成小目标，各个击破。饭要一口一口吃，这是个很简单的道理。将大目标分割成小目标，然后一口一口吃掉它们，你的行动将变得更有效率。

1954年，在东京国际马拉松邀请赛中，名不见经传的日本选手山田本一出人意料地夺得了世界冠军。当记者问他凭什么取得如此惊人的成绩时，他只说了这么一句话：凭智能战胜对手。当时许多人都认为，这个偶然跑到前面的矮个子选手是在故弄玄虚。马拉松赛是体力和耐力的运动，只要身体素质好，又有耐性，就有望夺冠，爆发力和速度都还在其次，说用智能取胜确实有点勉强。

两年后，意大利国际马拉松邀请赛在意大利北部城市米兰举行。山田本一代表日本参加比赛。这一次，他又获得了冠军，记者又请他谈经验，山田本一回答的仍是上次那句话：用智能战胜对手。这回记者在报纸上没再挖苦他，但对他所谓的智能战胜对手却一直不能理解。

10年后，谜底被山田本人公布于世。山田本一在他的自传中这样说道：每次比赛之前，我都要乘车把比赛线路仔细看一遍，并把沿途比较醒目的标志画下来，比如第一个标志是银行，第二个标志是一棵大树，第三个标志是一座红房子……这样一直画到赛程的终点。比赛开始后，我就以百米的速度奋力地向第一个目标冲去，等到达第一个目标后，我又以同样的速度向第二个目标冲去。几十公里的赛程，就被我分解成这么几十个小目标轻松地跑完了。起初，我并不懂得这样的道理，我把我的目标定在 40 多公里外终点的那面旗帜上，结果我只跑了十几里就疲惫不堪了——我被前面那段遥远的路程所吓倒。

目标对行为具有激励作用，在行动遇到困难或阻碍时，目标可使人产生克服困难的勇气、力量。而当行动一步步接近目标时，又给人以鼓舞，激发人的工作热情。

人一定要有崇高的目标，并为实现目标谨慎建设，尽力执行，然后你会采取行动。行动过程中你会非常努力，也许会有许多波折与困难，但你依然执著，依然那么努力；虽然天下事不如意者十之八九，但持之以恒者总是收获更多。你理所当然的应该感到满意，因为你或许在太阳下山时已经"抱得美人归"，或许在两年后已步入中产阶级行业，或许在白发之际已是一位受人尊敬的大师，这些都叫成功。

第五章
改变习惯,离成功更近一点

命运有时是由一个人的习惯决定的。好的习惯让成功离你越来越近,松弛懒散的习惯会让许多机会与你擦肩而过。

养成珍惜每一次机会的习惯

很多的机会好像蒙尘的珍珠，让人无法一眼看清它华丽珍贵的本质。你必须擦亮眼睛，善于发现每一次机会。

事实证明，只要你年轻聪明，只要你拥有志向，只要你渴望成功，你就应该踏实地工作。然而，在你踏实工作的时候，是否也在踏实地浪费掉属于你的机会？

很多人相信"机会只有一次"或是"只要我做到了，机会自然会来到"，因为他们看不到机会。这实在是一个让人恐惧的信念，然而，这个信念在一部分人的集体意识中是如此普遍，以至于足以变成一句陈词滥调。当他们这么做时，他们就好像是在告诉自己和全世界："我的创意岁月已经过去了。我的任务已完成了。我的人生已经活完了。"这简直是无稽之谈。

"踏实"不代表木讷的头脑和缺少竞争意识，相反，它对这些提出了更高的要求。在工作中，你需要不断地去发现机会，把握机会。基于此，你需要做到以下五点：

（1）养成掌握和获取大量信息的习惯；
（2）培养把握机遇的敏感度；
（3）进行科学的推理和准确的判断；
（4）当断即断的决断力；
（5）了解其他成功人士的成功经验。

踏实的人不是被动的人。在通往成功的道路上，每一次机会都会轻轻地敲你的门。不要等待机会去为你开门，因为门栓在你自己这一面。机会也不会跑过来说"你好"，它只是告诉你"站起来，向前走"。

想了好久的点子或事情，明明知道一定会有机会实现，但机会一直没有来临，于是时间就在等待中过去，于是也就习惯了平淡地等待，于是机会也就在你习惯的等待中错过了。时时提醒自己，不要沉溺于习惯的等待。一旦错过机会，以前的先知与以后的悔恨和悲伤都不再有任何意义。

要善于发现机会。踏实的人并不是一味等待的人，而是要学会为机会拭去障眼的灰尘，抓住每一次机会来临的瞬间，养成不让机会从习惯中溜走的本领。

有个年轻人，对于金钱的痴迷几乎到了发疯的地步。每每听到哪里有发财的路子，他便不辞辛劳地去寻找。

有一天，他听到别人说附近有一座山，这山的深处有位须发皆白的老人，如果有缘与他见面，有什么愿望他都有求必应，绝不会让人空手而归。

那年轻人听完之后便迅速做好准备，立即出发到山中去寻找那老人。

他跋山涉水到了那儿，又苦苦等待了九天，终于见到了传说中的老人。他请求老者赐给他大笔的财富与珠宝。

老人告诉他说："你居住的村外有一片海滩，那里有一颗'心愿石'，它在每天早晨太阳还未东升的时候出现半个时辰。'心愿石'有一个与众不同的特点，其他石头握在手里是冰冷的，而它握在手里会让你感觉到很温暖，而且你握住它时，它就会发光。如果你寻到那颗'心愿石'，你向它祈祷，所有的愿望都可以实现。"

年轻人感激的拜谢过老人后便以最快的速度赶回村去。

从那以后，那年轻人每天清晨都到海滩上检视石头。只要是入手冰冷而且也不发光的，他便将石头丢下海去，以避免再次重复检视。岁月如流水般匆匆而过，转眼间，那年轻人已在沙滩上寻找了大半年，始终也没找到那颗"心愿石"，但他依然执着。

有一天,他像平常一样,又到海滩上检视石头。一颗、二颗、三颗……石头被接连不断的丢到海里。突然,"哇……"年轻人悲伤地痛哭起来,因为他刚才习惯地将一颗石头丢下海去后,才发觉它是"温暖"而且会发光的!

机会降临眼前,很多人都习惯地让它从手中溜走,一旦发觉时,就后悔莫及了,"哭"和"早知道"都是没用的。所以,在平时,就要练就识别"心愿石"的习惯,让踏实为你的成功助一臂之力。而且踏实也不等于单纯的恭顺忍让。没有一种机会可以让你看到未来的成败,人生的妙处也就在于此。不通过拼搏得到的成功就像一开始就知道真正凶手的悬案电影那样索然无味。将机会和自己的能力对比,合适的紧紧抓住,不合适的学会放弃。用明智的态度对待机会,也使用明智的态度对待人生。

养成勇于尝试的习惯

要有勇气试一试,不要局限于自己所听到的和看到的,这样才不会与机会失之交臂。

水滴石穿,坚持不懈地努力的人往往能够获得成功。那些在人生中屡战屡败,但从不放弃的人,最后往往成为最优秀的成功者。懂得失败才会明白成功的意义。人是在失败中不断成长的,失败后坚决再试一次往往能够取得最后的成功。

有个年轻人去某公司应聘,该公司并没有刊登过招聘广告。见总经理疑惑不解,年轻人用不太娴熟的英语解释说自己是碰巧路过这里,就贸然进来了。总经理感觉很新鲜,破例让他一试。

面试的结果出人意料,年轻人表现很糟糕。他对总经理的解释是事先没有准备,总经理以为他不过是找个托词下台阶,就随口应道:"等你准备好了再来试吧。"

一周后,年轻人再次走进该公司的大门,这次他依然没有成功。但比起第一次,他的表现要好得多。而总经理给他的回答仍然同上次一样:"等你准备好了再来试。"就这样,这个青年先后5次踏进该公司的大门,最终被公司录用,成为公司的重点培养对象。

在我们的人生旅途上沼泽遍布,荆棘丛生,也许我们需要在黑暗中摸索很长时间,才能找寻到光明;也许我们追求的风景总是山重水复,不见柳暗花明;也许我们前行的步履总是沉重、蹒跚;也许我们虔诚的信念会被世俗的尘雾缠绕,而不能自由翱翔……那么,我们为什么不可以以勇敢者的气魄,坚定而自信地对自己说一声:"再试一次!"再试一次,你就有可能到达成功的彼岸!

从前,有个国王老了,想从几个儿子中选一位继承王位。他私下吩咐一位大臣在一条两旁临水的大道上放置了一块"巨石",任何人想要通过这条路,都得面临这块"巨石",要么把它推开,要么爬过去,要么绕过去。然后,国王叫几个儿子依次通过大道去给一位大臣送一封紧急的密函。

王子们很快就完成了任务。国王开始询问王子们:"你们是怎样将信送到的?"

一个说:"我是爬过那块巨石的。"另一个说:"我是划船过去的。"还有一个说:"我是从水里游过去的。"

只有小王子说:"我是从大路上跑过去的。"

"难道巨石没有拦你的路?"国王问。

"我用手使劲一推,它就滚到河里去了。"小王子说。

"这么大的石头,你怎么会想到用手去推呢?"国王问。

"我只不过试一试罢了,"小王子说,"谁知我一推,它就动了。"

原来那块"巨石"是国王和大臣用很轻的材料仿造的。

后来,小王子理所当然地继承了王位。

生活中,许多困难和问题其实都是假造的"巨石",关键是我们有没有去推一推的勇气。

要想成功就必须要有坚强的意志,不怕困难,迎难而上。困难并不可怕,可怕的是没有去试一试的勇气。再送一句话给大家:困难像弹簧,你强它就弱,你弱它就强。我们是要做强者还是被困难打败的弱者呢?挺起你的胸膛,坚定你的信心,让我们一起去试一试吧,因为我们都是生活的强者!

善于思考,勤于学习

成功从根本上讲,是"想"出来的。只有敢"想",会"想",善于思考,才有机会成为成功者的候选人。

在工作中,勤奋当然必不可少,这是一种优秀的品质,但要想获得成功,最大化地体现你的人生价值,就要多思考,无论看到什么,都要多问为什么,把思考变成自己的习惯。

一根小小的柱子,一截细细的链子,拴得住一头千斤重的大象,这不荒谬吗?可这荒谬的场景在印度和秦国随处可见。那些驯象人,在大象还是小象的时候,就用一条铁链将它绑在水泥柱或钢柱上,无论小象怎么挣扎都无法挣脱。小象渐渐地习惯了不挣扎,直到长成了大象,可以轻而易举地挣脱链子时,也不挣扎。

小象是被链子绑住的,而大象则是被习惯绑住的。

所以，习惯常常是影响我们做事情的一个不被注意的关键。养成正确的思考习惯，是走向成功的第一步。

青年人，应该善于思考，把别人难以办成的事办成，把自己本来办不成的事办成。当别人失败时，你如果可以从他人的失败中得出正确的想法，并付诸行动，你就可能成功。当你自己失败了，你能够转换到一个正确的想法上，再付诸行动，你同样可以获得成功。

如果你想要少做一些工作但仍能得到想要的东西，那么你就一定要比普通人思考的更多。

那些成大事者无一不具有善于思考的特点，善于发现问题、解决问题，不让问题成为人生难题。可以讲，任何一个有意义的构想和计划都出自于思考。一个不善于思考的人，会遇到许多举棋不定的情况；相反，正确的思考者却能运筹帷幄，做出正确的决定。

1999年盖茨在接受中央电视台专访时谈到他作为微软公司的总裁，再也没有编写软件的时间了。但是无论多么忙，他每周总会抽两天时间，到一个宁静的地方呆一呆。为什么呢？他说，面对繁重的工作和激烈竞争的IT市场，他作为管理者，不能把精力浪费在烦琐的小事上，他必须用专门的时间去思考，以做出具有战略意义的决策。

我国近代史上的名臣曾国藩也有这样的习惯。无论战事多么紧张，或政务多么复杂，他每天都会挤出一个时辰在一间静室里静坐，有时是为了平静自己的情绪和心态，有时是为了理清自己的思路。

从上面的两个例子我们可以看出，成大事者不善于思考是不行的。只有专注的思考才能集聚自身的力量、勇气、智慧等去攻克某一方面的难题，抓住难得的机会，取得良好的效果。

所有计划、目标和成就，都是思考的产物。你的思考能力，是你唯一能完全控制的东西。没有正确的思考，你不可能克服坏习惯，也防止不了挫败。

一个人要想做出一番特别的大事，必须善于思考，勤于学习，多向自己提问。青年人要成就大事，首先得思考你的事业，思考你自己，向自己问问题，只有养成了这样的习惯，才能在事业的开创过程中，不断地思考自己，思考自己所做过的、正在做的和将要做的事情；不断地向自己提出问题，看一看哪些是需要弥补的不足之处，哪些是应该改正的错误之处，哪些是该向人请教的不明之处……只有这样，才会不断前进，走向成功。

告诉你一个既可以多一些时间享受生活，又可以获得最佳业绩的好方法，那就是聪明地工作，而不是单纯地努力工作。生活中多学习、勤思考，好机会就会来到你的身边。聪明地工作和生活就意味着你要学会动脑，如果你一味地忙碌以至于没有时间来思考少花时间和精力的方法，过于为生计奔忙，那是什么也赚不到的。

在沈阳市有个以收破烂为生的人，他叫王洪怀。他是一个非常善于思考的人，在不断收破烂的过程中，有一天他突发奇想：收一个易拉罐才赚几分钱。如果将它熔化了，作为金属材料卖，是否可以多卖钱呢？于是他把一些空罐熔化成金属块，然后送到有色金属研究所做了化验，化验结果是，这是一种很贵重的铝镁合金。当时铝镁合金的市场价格每吨在14000元~18000元，而每个空易拉罐重18.5克，54000个就是一吨，这样算下来，卖熔化后的材料比直接卖易拉罐要多赚六七倍的钱，他决定把回收的易拉罐熔炼后再卖。这样，一年下来，他熔炼易拉罐炼出240多吨铝锭，3年时间赚了270万元，从一个"拾荒者"，一跃成为成功的企业家、百万富翁。

在现实生活中，成功者的足迹告诉我们一个事实，那就是勤于思考。当人们顿足观望、议论纷纷之时，善于思考的人则在行动，而且离成功的彼岸越来越近，离成功只有一步之遥。王洪怀的成功给我们一个启迪，也是机会来自勤于思考。

任何刚开始创业的青年人，都要养成的最有价值的习惯就是在下决心之前，一定要对自己多发问，注意整理自己的思路。这可以让人有机会来合理地整理自己的思绪，或回想自己为什么或怎样会有这种决定，这个过程看起来简单，却会在处理问题的过程中收到实效。

积极思考是现代成功学非常强调的一种智慧力量，如果做一件事不经过思考就去做，那肯定是鲁莽的，也是会栽跟头的，除非你特别地幸运。但幸运并非总是光顾你，所以，最稳妥的办法是三思而后行。

思考习惯一旦形成，就会产生巨大的力量。19世纪美国著名诗人及文艺批评家洛威尔曾经说过："真知灼见，首先来自多思善疑。"爱因斯坦也非常重视独立思考，他说："高等教育必须重视培养学生具备会思考、探索的本领。"人们解决世上所有问题用的是人脑的思维本领，而不是照搬书本。

天道酬勤，勤奋才会带来机会

机遇不会去敲一个懒汉的门，这是一条毋庸置疑的真理。
"勤奋与机会哪个更重要？"
一个台湾的老者回答："勤奋重要。"
问者暗暗嘲笑："人在江湖，机会才是最重要的。"
老者含笑不语，事后道："勤奋与机会本不是一个层面的问题，不可在一起去做选择，人固然需要很好的机会让自己成功。但机会是不可控的，而勤奋才是我们自己可以控制的。"

老者的话让我们明白：没有自己的勤奋，就是不可控的机会来到，我们也无力去把握机会。就如我们无力改变社会，但我们可以改变自己。只有我们勤奋工作，专心学习，用心去做设计，当我们有机会遇到一个优质的客户，才可以做出很好的设计。

1878年6月6日，一个名叫威廉·江恩的男孩子出生在美国得克萨斯州路芙根市的一个爱尔兰家庭。由于江恩的父母是爱尔兰籍移民，家里没有一丝的积蓄，加之当时美国经济不景气，江恩的母亲常常为一日三餐发愁。

少年时代的江恩只读了几年书便早早辍学了，他不得不像大人一样为了生计奔波，江恩在火车上卖报纸、送电报，贩卖明信片、食品、小饰物等东西，赚取微薄的收入，以贴补家用。与其他报童不同的是，江恩放报纸的大背包里时刻都装着书，空闲的时候，当别的报童们纷纷去听火车上卖唱的歌手们唱歌或跑到街上玩耍时，江恩便悄悄地躲到车站的角落里读书。

在读书的过程中，江恩意识到，自然法则是驱动这个世界的动力。

江恩的家乡盛产棉花，在对棉花过去十几年的价格波动做了分析总结后，1902年，24岁的江恩第一次入市买卖棉花期货，小赚了一笔，之后他又做了几笔交易，几乎笔笔都赚。

棉花期货上的成功坚定了江恩投资资本市场的信心。不久，江恩到俄克拉荷马去当经纪人。当别的经纪人都将主要精力放在寻找客户以提高自己的佣金收入时，江恩却把美国证券市场有史以来的记录收集起来，一头扎进了数字堆里，在那些杂乱无章的数据中寻找着规律性的东西。

当时做经纪人的收入是很可观的，每到夜晚，江恩的许多同事便出入高级酒店，呼男唤女，而由于没有客户得不到佣金，江恩只能穿着寒酸的衣服躲在狭小的地下室里独自工作着。同事们笑他迂腐,笑他找不到客户,还暗地里给他起了个外号叫"路芙根的大笨蛋"。

江恩并不理会这些,依然我行我素。他用几年的时间去学习自然法则和金融市场的关系,不分昼夜地在大英图书馆研究金融市场在过往 100 年里的历史。

1908 年,江恩 30 岁,移居纽约,成立了自己的经纪业务。同年 8 月 8 日,江恩发展了他最重要的市场趋势预测法:"控制时间因素"。

经过多次准确预测后,江恩声名大噪。

许多人对江恩一次次对证券市场的准确定位颇为不解,更有一些人坚持认为这个年轻人根本没有那么大的本事,他的成功只不过是传媒在事实的基础上大肆渲染的结果。

为证明自己报道的真实性,1909 年 10 月,记者对江恩进行了一次实地访问。在杂志社人员和几位公证人员的监督下,江恩在 10 月份的 25 个市场交易日中共进行 286 次买卖,结果,264 次获利,22 次损失,获利率竟高达 92.3%。这一结果一见诸报端,立即在美国金融界引起轩然大波,人们惊呼,这个年轻人简直太幸运了!

以后的几年里,江恩在华尔街共赚取了 5000 多万美元的利润,创造了美国金融市场白手起家的神话。不仅如此,他潜心研究得出的"波浪理论"还被译成十几种文字,作为世界金融领域从业人员必备的专业知识而被广为传播。

许多时候,人们总会用"幸运"来形容一个人的崛起与成功,还有一些人会经常抱怨自己时运不济,对生活和事业中的"不公平"产生困惑与不满。事实上,幸运的得来靠的是一个人艰苦卓绝的努力与永不放弃的执著。

不随波逐流

只有积极主动的人才能在瞬息万变的竞争环境中赢得成功，只有善于展示自己的人才能在工作中获得真正的机会。

做人要踏实，不要过于迷信成功者的成功经验，经验只能参考，绝不是用来照搬的。向成功者学习，这是所有想做事业的人都要经历的过程。但必须明白一点，从别人的成功经验里学习一些东西是可以的，但切忌将别人成功的做法生搬硬套地运用在自己的事业中。天下任何事情都有它的特点，别人的办法只适合别人的事业。

一旦公之于众的办法，已经成了普遍规则，它就不是智慧的精华了，也就不实用了，何况很多人创业的秘密是绝对不会告诉别人的。也就是说，成功者创业最关键的"招数"永远不可能公之于众。因此，对于所有成功者的经验和办法，一定要抱着一种警惕的心态去接受它。

步成功者后尘只能是空热闹一场，社会上有太多这样的例子：看见别人开饭店挣了大钱，自己也跟着开一家饭店，最终却赔钱；看见别人开服装店搞得很红火，自己也跟着去做，但自己的店里就是没人光顾；看见别人搞房地产成了亿万富翁，自己也铺开摊子干，结果搞得自己倾家荡产不说，还得像过街老鼠一样到处躲债……

于是有人大叫："这真是邪门了？"也有人说："这都是命。"其实每个人都有自己的才能，也有自己固定的关系网，更有自己特定的性格，而成功者在选择项目和确定经营方式时，都会注意使各方面都适合自己的特点。你和他们的主客观条件都大相径庭，怎么能生搬硬套，步其后尘呢？

在人生的旅途中，你是你自己唯一的司机，千万不要让别人驾驶你的生命之车。你要稳稳地坐在司机的位置上，决定自己何时要停、要倒车、要转弯、要加速、要刹车。人生的旅途十分短暂，你应该珍惜自己所拥有的选择和决策的权利，虽然可以参考别人的意见，但千万不要随波逐流。

年轻人要拥有一颗积极、主动的心，要善于规划和管理自己的事业，为自己的人生做出最为重要的抉择。因为没有人比你更在乎你自己的事业，没有什么东西像积极主动的态度一样更能体现你自己的独立人格。下面给大家简单介绍几种积极主动的步骤：

（1）态度积极、乐观面对人生。有勇气来改变可以改变的事情，有胸怀来接受不可改变的事情，有智慧来分辨两者的不同。

（2）远离被动习惯、从小事做起。冷静辨析而不轻信他人，主动影响事情而不是受事情影响，有主见而不盲从，积极尝试而不退缩。

（3）对自己负责、自己把握命运。积极主动地抓住命运中自己可以选择、改变和可以最大化地影响自身的部分，勇敢面对人生。

（4）多做尝试、邂逅机遇。有机会尝试更多，才能找到真正的兴趣所在。

（5）充分准备、把握机遇。在机遇还没有来临时，就应事事用心、事事尽心，掌握足够信息，以便必要时做出抉择，抓住机遇。

最后，还有一段话赠给读者朋友：

你们的时间有限，所以不要浪费时间在别人的生活里；不要被信条所惑，盲从信条是活在别人的生活里；不要让任何人的意见淹没了你内在的心声；重要的是拥有跟随内心和直觉的勇气；你的内心与直觉知道你真正想成为什么样的人，任何其他事物都是次要的。

拒绝拖延，才能迎接成功

拖延是机会的杀手，拖延让你平庸。克服懒惰，重视要从现在开始！

有个年轻人，兴高采烈地对他的师傅谈着他自己这一生的梦想。"你打算如何将梦想实现呢？"他的师父问道。"一旦机会来了，我就马上付诸行动。"年轻人答道。"机会永远不会来的。"师父解释道。"机会早就在这里了"。

生命中各种机会的质与量，直接取决于我们面对机会的态度。当机会从我们面前晃过时，我们就该把诱饵准备好。只要改变态度，倾听自己的心声，分析自己的能力和才华，一个人绝对可以选择自己想要过的生活。

有一些谚语和格言很值得拖延的人玩味。

"犹豫是时间的盗贼。"

"等时间的人，就是浪费时间的人。"

"今天的事情不要等到明天去做，明天做的事，今天要去想。"

"少年辛苦终身事，莫向光阴惰寸功。十年老不了一个人，一天误掉了一个春。"

"年少力强，急需努力；错过少年，老来着急。"

"明日复明日，明日何其多？"

"路从脚下起，事从今日做。"

人永远不要空等想象中的合适时机到来再做事情。通常人们安排一天的事情是按照事情的缓急来的。真正有效的时间管理应该按照事情的重要性来排序；重要的事是排在急迫的事情前面的。根据二八定律，只占20%时间的重要事情可以收到80%的成效，而80%的琐碎事情只有20%的功效。

惰性与拖延是失败的祸根，其导致的不良后果不仅影响人的前途，还影响人的心理活动，使人形成不良的心理状态和性格缺陷。

拖延是许多人常见的毛病，他们对未来有很好的目标和工作计划，甚至有了实施的方案，但就是不马上动手，他们把行动的日子放在明天或放在未来的某一个日子，放任一个又一个今天从眼皮底下溜走；他们宁愿憧憬着梦里盛开的玫瑰，却不抓住今天立即播种。

美国著名投资专家坦布尔顿说："我想不出比'今日事，今日毕'更好的工作方法。它是一种艰苦的方法，需要用毅力去支持，但也是最好的方法。"

假如你具备了知识、技巧、能力、良好的态度与成功的方法，懂的比任何人都多，但你还是可能不会成功。因为你还必须要行动，100个知识不如一个行动。

假如你终于行动了，但还不一定会成功，因为太慢了。在现代社会，行动慢，等于没有行动。你只有快速行动，立刻去做，比你的竞争对手更早一步知道、做到，你才有成功的机会。

任何时候，任何地方，你都可以轻易得到任何你所需要的知识与信息，你也会知道昨天晚上，你的竞争对手是否比你多掌握了一些你所不知道的信息。能够超越你的竞争对手的关键，能够帮助你达到目标的关键，能够帮助你占领市场的关键，能够帮助你成功致富的关键，只有两个，一是行动，二是速度。

立即行动反映了一个人的创业干劲、工作热情和对未来的责任意识。人生短促，来日无多，只有抓住今天，迅速行动，才能在有限的一生中有所作为。"成功的大事很少是长期考虑、仔细安排的结果，而是我们每天工作的结晶。"

　　立即行动与敏捷果断、惜时守时是联系在一起的。具有这种品质的人，更能赢得别人的尊重和信赖，树立自己的形象。与此相反，拖延时间、犹豫不决不仅会错失良机，滋生懒惰，也会削弱声誉，失去朋友，使你远离成功。正像坦普尔顿所说：有拖延习惯的人永远不可能获得成功。谁愿意和有拖延毛病的人打交道？谁愿意依靠这种人？

　　失败的主要原因是拖延，失败者的最大弱点是犹豫不决，这些人天天在考虑、在分析、在判断，迟迟不下决定，总是优柔寡断。好不容易做了决定，之后又时常更改，不知道自己要的是什么，抓怕死，放怕飞。终于决定要实施了，他们做的第一件事就是拖延，不行动，告诉自己："明天再说"、"以后再说"、"下次再做"。也许读者身边就有这种人，这样的人怎么可能成功呢？必须知道拖延与犹豫是失败的原因，行动与速度是制胜的关键。"不积跬步，无以至千里"，让我们激发心中的动力，让我们一起行动起来，永恒地行动下去。

　　拖延会使你终日生活在遗憾中，使你陷入烦躁的情绪，使你待处理的问题越积越多，使你一再遭受心里挫折，还会影响你的健康，比如头发早秃，胸闷气短。更重要的是使你前途黯淡，与晋升无缘，陷入贫乏的人际关系。

　　放弃拖延的习惯，做个自律优秀的时间掌控人，合理的利用时间，在时限内提前完成你的工作，你会更优秀，机会也在你手中。

第六章
善于交往，成功离你不遥远

快节奏社会，任何事情都讲究效率和速度，如果要说什么东西最难把握，那就是机会。如果没有机会光临一个人，也许一辈子都黯淡无光。这时，只要你在平时善于交往，积累人脉资源，那么，曙光就离你不再遥远，因为人脉即财脉是一点都不夸张的事情。

处世要以双赢为目的

"合则两利,分则两伤",有的时候,一次互惠的合作也就是一次成功的机会。

任何合作都应当是互惠互利的,这是合作的前提和基石。任何合作的一方想独吞其利,必然会导致合作的失败。

人类社会的历史一再证明对抗的结局是双方都要付出重大的代价,难以取得预期的目的。现实社会的生活也一再显示只有合作才能各获其利,谋求更大的发展。

在合作中,获利也突破了个人的范围,而应体现在双方的互惠互利之上,只有双方都获利,合作才可能成功;只有互惠互利,双方才能建立起牢固的长期的合作关系。

在日常生活中,人们往往把"惠"和"利"只狭义地解释为"恩惠"或"财物"之意,事实上,在合作所追求的互惠互利中的"惠"和"利"应作广义的解释,一般情况下我们认为它是"利益"的意思,它表明合作者所追求的都是双方带来共同利益的活动。再广而言之,则表明合作者所追求的互惠互利是一种共同的价值,这种价值存在于合作者共同的活动与共同的目标之中。在社会生活中,合作是广泛存在的,有商业间的合作、政治间的合作,朋友之间也是一种合作关系,因而这些合作体现互惠互利的价值也是相同的,虽然外在的利益表现各不相同。

合作者对"互惠互利"这种目的的追求奠定了他们合作的基础。如果不存在互惠互利的共同目的,合作的各方是很难走到一起的。企业之间的联盟、朋友之间的合伙都是因为对共同利益的追求而使他们进行合作。由于合作而给各方带来的互惠不仅表现在财产的增加,更表现在自身其他实力的增强,比如更具竞争力、发展更快等方面。只有互惠互利,才能使合作成功,达到合作的目的;只有互惠互利,才能进行长久的合作,使自己获得更多的利益。

互惠互利不仅体现在经济合作之中,也体现在其他各个方面。大到国家间的政治合作,小到普通人之间的社会往来,无不体现着一种互惠互利的目的。军事合作、政党团体的合作、家庭的合作、个人的合作都是为了实现某种互惠互利的目的而进行的。

双赢理念是人们生活的思想理念,合作则是双赢理念下人们所选择的最佳行为,而互惠互利则是双赢理念的外在动因。

不可"有事有人,无事无人"

善待每一个关系伙伴,从小处、细处着眼,时时落在实处。你的机会也就在日积月累中增加。

你有没有这样的经历:当你遇到了一种困难,你认为某个人可以帮你解决,你本想马上求他,但你后来想一想,过去有许多时候,本来应该去看他的,结果你却没有去,现在有求于人就去找他,会不会太唐突了?甚至因为太唐突而遭到他的拒绝?

在这种情形之下,你不免有些后悔"平时不烧香"了。

这种"平时不烧香,临时抱佛脚"的做法,虽菩萨能显灵,也不会来帮助你的。

所以你请求菩萨,应该在平时烧香。平时烧香,表明你别无所求,不但眼中有菩萨,心中也有菩萨,你的烧香,完全出于敬意,而决不是买卖,一旦有事,你去求他,他对你有情,自肯帮忙。

但是你要烧香,应该去不大有人注意的冷庙,不要去香火盛的热庙,热庙因为烧香人太多,菩萨注意力分散,你去烧香,不过是香客之一,显不出你的诚意,引不起菩萨的特别注意,也就是说菩萨对你不会产生特别的好感,一旦有事,你去求他,他也以众人相待,不会特别帮忙。冷庙的菩萨就不一样了,平时冷庙门庭冷落,无人礼敬,你却很虔诚地去烧香,菩萨对你当然特别注意,认为你是他的知己,印象之好,自不待言,你虽同样地烧一炷香,菩萨却认为是天大的人情,一旦有事,你去求他,他自然会特别帮忙。即使将来风水转变,冷庙变热庙,菩萨对你还是会另眼看待,认为你不是势利之辈。菩萨如此,人情未尝不然。

对那些已经退休的老前辈、老上司,要设法与他们多接近并博得他们的赏识。毫无疑问,退休者最难过的是退休后那种门可罗雀的寂寥景象。"热庙"变成了"冷庙",他们在心理上自然不平衡。这时若有人肯像以前那么尊敬他,他必会为之感动不已。你不妨在平时携带他喜欢的东西做礼物,以虚心的态度向他请教,对于他的经验之谈,要表现出乐意倾听的态度,使他有重回过去美好时光的感觉。退休者并不等于没有发言权,有时甚至还具有意想不到的影响力。对这些"冷庙"菩萨,多去烧香可谓有百利而无一害。

另外,为了避免"有事有人,无事无人"的求人做法,你在日常生活中要广织"关系网",且不要与人失去联络,不要等到有麻烦时才想到别人,因为"关系"就像一把刀,常常磨才不会生锈,若是半年以上不联系,你就可能已经失去这位朋友了。

因此,主动联系就显得十分重要。试着每天打5到10个电话,不但能扩大自己的交际范围,还能维系旧情谊,如果一天打10

个电话,一个星期最低就有50个,一个月下来,便可到200个,平均一下,你的人际网络每个月大多要十几个"有力人士"为你打通环节。

法国有一本书名叫《小政治家必备》,书中教导那些有心在仕途上有所作为的人,必须起码搜集20个将来最有可能做总理的人的资料,并把它背得烂熟,然后有规律地按时去拜访这些人,和他们保持较好的关系,这样,当这些人之中的任何一个当起总理来,大有可能请你提任一个部长的职位了。

这种手法看起来不大高明,但是非常合乎现实。一本政治家的回忆录中提到:"一位被重任组阁的人受命伊始,心里很焦虑。因为一个政府的内阁起码有七八名阁员(部长级),如何去物色这么多的人去适合自己?这的确是一件难事,因为被选去的人除了有适当的才能、经验之外,最重要的一点就是和自己有些交情。"

要和别人有交情,才好求人办事儿,不然的话,任你有登天的本事,别人怎么会知道呢?

现代人生活忙忙碌碌,没有时间进行过多的应酬,日子一长,许多原本牢靠的关系就会变得松懈,朋友之间逐渐互相淡漠,这是很可惜的。所以,一定要珍惜人与人之间宝贵的缘分,即使再忙,也别忘了沟通感情。

很多人都有忽视"感情投资"的毛病,一旦关系好了,就不再觉得自己有责任去保护它了,特别是在一些细节问题上,例如该通报的信息不通报,该解释的情况不解释,总认为"反正我们关系好,解释不解释无所谓",结果日积月累,形成难以化解的问题。

可见,要避免"无事无人"的现象,"感情投资"就要经常实施,不可似有似无,从生意场到日常交往以及求人请托,都应该处处留心。

有事没事要保持联系

与朋友常联系就是与机会常联系。

人生活在社会当中，时时刻刻都要在群体活动中度过，没有群体活动的人生是没有任何意义的，所以，要做足人情，保持朋友间的联络便成了人生的焦点问题之一。

人情需要精心经营和维护，在与朋友间的交往中需要培养一种习惯：没事的时候也要记得与他们经常保持联络。如果平时连一声问候也没有，到了有事相求时才找出尘封已久的名片簿查找别人的联系方式，与别人联络，结果是可想而知的。

就拿一个生活中常见的例子来说吧，如果你的一位10多年前的小学同学，与你住同一城市，彼此都知道对方的联系方式。但是，在逢年过节或者你遭遇不顺时，他从来未对你问候过。突然有一天，他主动打电话过来要你帮他一个忙，你会怎么想呢？你多少还是会有那么一点不太乐意去帮他吧。反过来，如果你与他或许有几次的联络，在节日或你的生日时问候过你、在你痛苦的时候关心过你，这时他打电话过来寻找你的帮忙，你心里就乐意多了吧。

道理其实很简单，经常与别人保持联系，你才能在别人的心目中占有一定的分量。有了这些，才会为你以后求人办事积累人情资本。

一般来说，人与人之间的关系会随着见面次数的增多而加深，很久不见面的朋友自然会日渐疏远。

即使你身为上班族，也不要一天到晚都埋头在办公桌前，不论多么忙碌的人，也总会有吃饭的时间和休息的时间。至于那些从事业务工作的人，更是整天都在外面奔跑，这样更能够多利用在外面跑的机会，联络那些久疏联络的朋友。至于整日守在办公桌边的人，则不妨利用午餐时间，与在同一地区工作的朋友共进午餐。与其每天一个人吃饭，不如偶尔也打个电话约其他朋友一起吃顿饭，如果没有时间一起吃饭，一起喝杯咖啡也可以。如果彼此的距离稍远，坐计程车去也没关系，反正只不过是一个月一次的联谊。那些斤斤计较这些小钱的人，很难拓展自己的人际关系。虽然上班族的收入很有限，得靠省吃俭用才能存一点钱。但是，因此而失去所有与朋友来往的机会，那可就得不偿失了。

在外面奔波的人不妨利用机会顺路探访久未见面的朋友，即使是5分钟也可以；或是利用中午休息时间和对方一起吃顿便饭。虽然只有短短的5分钟，但却对与对方保持长久联系非常重要。

下班后，大家一块喝杯茶。不论是迎新送旧还是大功告成，找各种理由大家一块儿聚聚。这不只是大家互相联络感情，也是松弛一下紧张许久的神经的好机会，人原本就有喜新厌旧的本性，比起早已熟知的朋友更能吸引我们的好感而频频与之接触。

此外，你要时刻保持与老朋友的联系。所谓老朋友，就表示彼此已经有了相当程度的了解，珍惜老朋友的态度，也是吸引新朋友愿意主动与我们交往的力量。

英文中的"old"也有怀念的、亲切的意思。随着时间的流逝，人的思想也会日臻成熟，对人生的看法也会更加透彻，所以"老朋友"指的就是值得信赖的朋友。

老朋友指的是不受时空的阻隔而一直保持着联系的朋友，这种朋友才更难能可贵。这些老朋友正表示了我们自己过去的人生过程，不重视老朋友就是根本不重视自己的过去。老朋友或许比不上新朋友来得新鲜，但拥有愈多的老朋友就如拥有愈多的无形资产一般，这也可以证明你自己的品德值得朋友信赖。

老朋友的价值实非笔墨所能形容。然而，如何和老朋友交往却不是一件容易的事。如果你自己不能保持新鲜感，如何让他人能够一直把你记在心中呢？

因此，无论你采用何种方式，都要积极地与你的新老朋友保持密切的联系，为你时不时地求人办事打下牢固的基础。

培养良好的人际关系

多一个朋友多一条路。要想人爱己，己须先爱人。

钱锺书先生一生日子过得比较平和，但困居上海孤岛写《围城》的时候，也窘迫过一阵。辞退保姆后，由夫人杨绛操持家务，所谓"卷袖围裙为口忙"。那时他的学术文稿没人买，于是他写小说的动机里就多少掺进了挣钱养家的成分。一天500字的精工细作，却又绝对不是商业性的写作速度。恰巧这时黄佐临导演上演了杨绛的四幕喜剧《称心如意》和五幕喜剧《弄假成真》，并及时支付了酬金，才使钱家渡过了难关。时隔多年，黄佐临导演之女黄蜀芹之所以独得钱锺书亲允，开拍电视连续剧《围城》，实因她怀揣老爸的一封亲笔信的缘故。钱锺书是个别人为他做了事他一辈子都记着的人，黄佐临40多年前的义助，钱锺书多年后还报。

俗话说："在家靠父母，出门靠朋友"，诸位当时存有乐善好施、成人之美的心思，才能为自己多储存些人情的债权。这就如同一个人为防不测，须养成"储蓄"的习惯，这甚至会让各位的子孙后代得到好处，正所谓"前世修来的福分"。黄佐临导演在当时不会想得那么远、那么功利。但后世之事却给了他作为好施之人一个不小的回报。

究竟怎样去结得人情，并无一定之规。对于一个身陷困境的穷人，一枚铜板的帮助可能会使他握着这枚铜板忍住极度的饥饿和困苦，或许还能干番事业，闯出自己富有的天下。对于一个执迷不悟的浪子，一次促膝交心的帮助可能会使他建立做人的尊严和自信，或许在悬崖前勒马之后奔驰于希望的原野，成为一名勇士。

就是在平和的日子里，对一个正直的举动送去一缕可信的眼神，这一眼神无形中可能就是正义强大的动力。对一种新颖的见解报以一阵赞同的掌声，这一掌声无意中可能就是对革新思想的巨大支持。就是对一个陌生人很随意的一次帮助，可能会使那个陌生人突然悟到善良的难得和真情的可贵；说不定他看到有人遭到难处时，他会很快从自己曾经被人帮助的回忆中汲取勇气和仁慈。其实，人在旅途，既需要别人的帮助，又需要帮助别人。从这个意义上说，帮人就是积善。

也许没有比帮助这一善举更能体现一个人宽广的胸怀和慷慨的气度的了。不要小看对一个失意的人说一句暖心的话，对一个将倒的人轻轻扶一把，对一个无望的人赋予一个真挚的信任。也许自己什么都没失去，而对一个需要帮助的人来说，也许就是醒悟，就是支持，就是宽慰。相反，不肯帮助人，总是太看重自己丝丝缕缕的得失，这样的人目光中不免闪烁着麻木的神色，心中也会不时地泛起一些阴暗的沉渣。别人的困难，他可当作自己得意的资本，别人的失败，他可化作安慰自己的笑料；别人伸出求援的手，他会冷冷地推开；别人痛苦地呻吟，他却无动于衷。至于路遇不平，更是不会拔刀相助，就是见死不救，也许他还会有十足的理由。自私，使这种人吝啬到了连微弱的同情和丝毫的给予都拿不出来。

也许这样的人没有给人帮助倒是其次，可怕的是他不仅可能堕落成一个无情的人，而且还会沦落为一个可悲的人。因为他的心只能容下一个可怜的自己，整个世界都不关注和关心，其实，他也在一步步堵死自己所有可能的路，同时也在拒绝所有可能的帮助。

战国时有个名叫中山的小国。有一次，中山的国君设宴款待国内的名士。当时正巧羊肉羹不够了，无法让在场的人全都喝到。有一个没有喝到羊肉羹的人叫司马子期，此人怀恨在心，到楚国劝楚王攻打中山国。楚国是个强国，攻打中山国易如反掌。中山国被攻破，国王逃到国外。他逃走时发现有两个人手拿武器跟随他，便问："你们来干什么？"两个人回答："从前有一个人曾因获得你赐予的一壶食物而免于饿死，我们就是他的儿子。父亲临死前嘱咐，中山有任何事变，我们必须竭尽全力，甚至不惜以死报效国王。"

中山国国君听后，感叹地说："怨不期深浅，其于伤心。吾以一杯羊羹而失国矣。"他的意思是给予不在乎数量多少，而在于别人是否需要。施怨不在乎深浅，而在于是否伤了别人的心。"我因为一杯羊羹而亡国，却由于一壶食物而得到两位勇士。"这句话道出了人际关系的微妙。

找到属于自己的贵人

贵人相助有可能是你人生中最大的机遇。

在古代，所谓贵人就是指有权有势，或有钱有名的人。他们既然不同于常人，自然也拥有常人所不及的力量，可帮人办成不一般的事。但要想贵人为自己办事，必须动一番脑筋，下一番功夫。

小刚是一个普通的上班族,由于单位效益不好,面临下岗的境遇。为了生存,小刚打算开一家美容美发店,可是初期投入就要20万,对于小刚这样的上班族来说,无异于天文数字。正当他一筹莫展的时候,他一个同事的表哥听说他的事,一下子借给他18万,使小刚的计划得到了实施。小刚从此开始了新的生活,进入了一个全新的天地。

生活中,这样的例子不在少数,除非你的运气差到极点,否则,在你的一生中,总会碰到几个贵人。例如,你在工作中一直不是很顺利,表现不佳、心灰意冷之余,你开始想打退堂鼓。你的一位上司却在这时候推了你一把,设法帮助你跨过了门槛,重燃你的斗志。有句话说"七分努力,三分机运"。我们一直相信"爱拼才会赢",但偏偏有些人是拼了也不见得赢,关键在于缺少贵人相助。

不论在何种行业,"老马带路"向来是传统,目的不外乎是想栽培后进,储备接棒人才。这些例子在体育界、艺术界、政治界颇多。

话虽如此,没有贵人比较难成气候,但若要被贵人"相中",首要条件还在于找到贵人门上想要办事的人究竟有没有两把刷子。俗话说,师父领进门,修行在个人。如果你一无所长,却侥幸得到一个不错的位置,保证后面有一堆人等着看你的笑话。毕竟,千里马的表现好坏与否,代表伯乐的识人之力。找到一个扶不起的阿斗,对贵人的荐人能力,也是一大讽刺。

这其中的道理是不难理解的。一个人要想取得某种成就,必须具备一定的条件,而这些条件的客观方面却往往掌握在别人的手中。接受别人的支持和帮助,就像一颗优良的种子不拒绝一块适合自己生长的土壤,势必会加速一个人的成功,有时甚至决定着一个人的命运。

著名评书表演艺术家单田芳的成长经历就很好地证明了这一点。

单田芳是一位深受广大听众喜欢的评书艺术家,调查统计表明,他在海内外的听众已达6亿之众,这确实令人惊叹。

然而单田芳走上评书事业的道路却是与他善于接受别人的帮助分不开的。

单田芳出生在一个评书世家。在旧社会,这是一个卑贱的职业。为此,单田芳的父母痛下决心,决定改换门庭,以读书续世。

1953年,单田芳顺利地考入了大学。这时,风华正茂的他却患上了严重的痔疮,先后动了3次手术,耽误了许多功课,怎么办?单田芳陷入了深深的迷惘和懊恼之中。

这一年是新中国成立的第四个年头,曲艺演员在当时不仅收入丰厚,而且社会地位也在不断提高,单田芳的母亲王香桂就相继受到过周恩来等国家领导人的接见。于是,单田芳的父母重又萌动了栽培他学艺的念头,并动员了评书界的几位前辈,每日以理晓之,以情动之。

虽然单田芳当时并未料到他将会有辉煌的未来,但鉴于形势,他还是明智地听从了劝告,改弦易辙,并于1954年正式拜著名评书艺人李庆海为师,走上了从艺之路。不久,便声名远扬。

文革开始后,率真耿直的单田芳因口吐真言而受到批斗,造反派的毒打打碎了他的满嘴牙,窝火带憋气地毁坏了他的嗓音,以至于文革结束时,单田芳已不得不面临再次改行的问题。

然而,命运又给了他一次绝处逢生的机会。20世纪80年代初,著名女评书演员刘兰芳的一炮走红使得鞍山曲艺团的领导想到了单田芳。在他们的帮助下,单田芳很快被送进医院,经过手术终于又发出了现在人们再熟悉不过的沙哑的声音。

古今中外,在名人的成功历程中,总有一些至关重要的人物在其中发挥着巨大的作用。在接受别人帮助的同时施展出自己不负栽培的好手段、真本事,这才是他们把握历史性机遇的关键性的一步,也是他们最终成名的要素之一。

出生在一个普通农民家庭的郑海霞,她的成长更是离不开她一生中所遇到的3个"慧眼识珠"的伯乐。

第一位伯乐,便是郑海霞的哥哥,他写信给河南省体委,从而引起了上级对郑海霞的重视;第二个伯乐,则是商丘体校的方炳银教练,他培养了郑海霞的运动素质;第三个伯乐,就是武汉部队文化部训练处的王新华教练,他把郑海霞带入了篮球运动的殿堂。

郑海霞的表现的确也没有让他们失望,因为她懂得把握机遇。她最爱说的一句话是"教练,您说我该怎么做?"然后,她便用行动一丝不苟地去完成。

把握机遇,善于接受别人的帮助,是郑海霞由一个普通的农家子女变成一名世界级篮球明星的奥秘之一。

现代社会所认为的"贵人",并不仅仅是指那些名门望族、皇亲国戚、权重势强的权贵之人,而在内涵上加以扩大发展,通常是指在层级组织中职位比你高且能帮助你晋升的人。有时你得费心地分辨谁具有这种能力。你或许以为,你的晋升几率取决于顶头上司对你的评语好坏,这种观念或许是正确的。但是更高的管理阶层可能觉得你的顶头上司已到达不胜任阶层,因而可能不在乎他的推荐和好恶。所以,不要太肤浅,仔细深入观察,你将会找到能帮助你晋升的贵人。

有了贵人相助,的确对个人的事业有助益。有一份调查表明,凡是做到中、高级以上的主管,有90%都受过栽培,至于做到总经理的,有80%遇到过贵人,自当创业老板的,竟然100%都曾被不同等级、不同领域、不同身份的贵人提携与扶助。

唐代文学家韩愈说:"世有伯乐,然后有千里马,千里马常有,而伯乐不常有。故虽有名马,只辱于奴隶人之手,骈死于槽枥之间，不以千里称也。"所以，假如你是一匹良驹，一定要找到可以相助自己驰骋千里的伯乐与"贵人"。

爱人者，人皆爱之

　　成大事者需要更多的人拥戴，希望事业晋升的人需要更多的人赏识。
　　在一个寒冷的深夜，纽约的一条不是很繁华的道路上已经几乎没有车辆行驶。这时从街中心的地下管道洞内钻出一位衣着笔挺的人来。路旁的一个行人十分狐疑，他上前想看个究竟，一看却怔住了，他认出这钻出来的人，竟是大名鼎鼎的电话业巨头，密西根贝尔电话公司总经理福拉多！
　　原来福拉多是因为地下管道内有两名接线工在紧急施工，福拉多特意去表示慰问。
　　福拉多被称作"十万人的好友"，他与他的同事、下属、顾客，乃至竞争对手都保持着良好的关系，这位富有人情味的企业巨子，事业如日中天。
　　可以说福拉多的成功，在很大程度上要得益于他的好人缘，他用自己富有人情味的领导，赢得了同仁的赞誉和支持。然而生活中，很多人往往忽略了身边的同仁就是不能缺少的靠山。敬人者，人皆敬之；爱人者，人皆爱之。只要以一颗真诚的心去面对你的同仁就能够得到对方同样的回报，为自己增加一个可以同甘苦、谋事业的坚强靠山。古代做大事、成大业的人，也都是以心换心，才得到了无数同仁的支持，并依靠他们的力量，取得了事业的成功。
　　正所谓"得其民者得其国"，同仁的力量不可小视。帮助了他们，他们就会对你感恩，成为你人生的靠山。

　　三国时，刘备为了避免与曹操的几十万大军追赶，便弃樊城，带领百姓向江陵方向逃跑。在当阳长坂坡与曹操的追兵展开血战，赵云为救刘备妻儿单枪匹马，突出重围，历尽艰险，终于来到了刘备的面前。

　　当时刘备正在距离长坂桥二十余里的地方和众人在树下休息，赵云看到刘备便立即下马"伏地而泣"，而"玄德亦泣"。赵云不顾自己的疲惫，气喘吁吁地对刘备说："赵云之罪，万死犹轻！糜夫人身带重伤，不肯上马，投井而死，云只得推土墙掩之。怀抱公子，身突重围。赖主公洪福，幸而脱险。"说着，想起来怀中的公子刚刚还在哭，现在怎么没了动静，便急忙解开来看，原来阿斗正睡着还没有醒。于是赵云欣喜地说："幸得公子无恙！"便双手递给刘备。刘备接过孩子，扔在地上说："为汝这孺子，几损我一员大将！"赵云看到刘备如此，连忙从地上抱起阿斗，泣对刘备说："云虽肝脑涂地，不能报也！"

　　虽然人们对刘备掷阿斗一事历来颇有争议。无论是刘备故意作态给别人看，以笼络周围将士的心，还是他真的爱将胜于爱子，但阿斗的确是赵云从地上抱起来的，这在一定程度上也表明了刘备当时是轻父子情、重君臣心的。

　　他对赵云的感激怜爱之心溢于言表，赵云也由此更加坚定了为刘备效力的决心。正是刘备对于将士有着仁爱之心，他的周围才聚集了赵云、张飞、关羽、诸葛孔明这些才华横溢的杰出人士，成为他振兴大业的有力依靠。

　　同时，刘备还懂得安抚民心，实施"仁政"。刘备在与川军的斗争中竖起免死旗，收降川兵，又谕众降兵"愿降者充军，不愿者放回"，实行优待俘虏的政策。这样一来反而使得人心向之，川军不战而溃。当军队进入成都时，百姓"香花灯烛，迎门而接"。正是因为刘备对百姓施行了仁政，才得到了百姓的拥护和将士的爱戴,从而顺利地占领了成都。

刘备最终之所以能在三分天下后拥有自己的一席之地,其中,重要原因就在于他以一颗仁义之心换得了同仁对他的支持与感恩,使他得以依靠同仁的力量而成就自己的事业。

当今社会,"我为人人,人人为我","人与人相互支撑"也是社会生活以及同仁间关系的法则。

美国社会心理学家布罗尼克认为,一个人走向成功,必须通过6道关门。在20多岁至30岁是第二道关口——脱颖而出。这期间,多数人投入可观的时间,动脑筋钻研业务,和别人比高低,希望能得到好声誉。然而,有些人为了使自己凸显出来,便会经常地批评别人,贬低别人,对别人不信任,称赞自己,把功劳归于自己。

这样,他们就很难得到别人的合作,甚至不得不与其他人处于对抗之中,也就失去了在群体中的地位。这些人往往得不到别人的信任和好感,难于与他人合作,因此,得不到上司的赏识、同事的接纳和合作,常常失去晋升的机会,这样的人也难于获得成功。

第七章
用勇气和智慧找到最便捷的出路

生活就像是一座迷宫,我们必须以异于常人的勇气和智慧找到最便捷的出路,这就是与众不同。正所谓"道可道,非常道。"不平常的行为自然就会赢得不平常的机会,不平常的机会自然会产生不平常的结果。

迈出的步伐坚定且坚实

在你的身后留下一串坚实的步伐吧。像攀登阶梯一样，总有一天你会发现自己是那个走得最远的人！而成功的机遇即在其中。

哲学家维特根斯坦说过，"我贴在地面步行，不在云端跳舞。"这句话寓意深刻，一点都不假。在人的一生中，会有很多很多的困难。面对着困难，很多人都曾无数次地紧张过、愁思过、流泪过、无助过，但作为年轻人，我们不能放弃。因为我们知道，与其在无助中一分一秒地看着时光流逝，不如放下过去，一步一个脚印，把该干的事都干好。坚实的脚印是迈向成功的阶梯。

有志向、有野心的人，大都憧憬将来的辉煌成就，甚至他们盼望着"一步登天"的壮丽景观。这种想法固然无可厚非，甚至非常可贵，值得赞赏，但任何事情都是一步一步地干出来的，天上从来不会掉馅饼，你永远不要指望这些虚无的东西。要把美好的理想转化为现实，必须付出坚持不懈、锲而不舍的劳动。"天下大事，必作于细。""合抱之木，生于毫末，九层之台，起于垒土。"只有将无数点点滴滴的"创造"艰苦地积累起来，才能逐步向大目标迈进，虽然这种机会不是一目了然的。但你要做的是，在你的身后留下一串坚实的脚印。

一砖一木垒起来的楼房才有基础，一步一个脚印才能走出一条成形的道路。

长城不是在一天之内修建好的。成就都是历尽多少努力、多少拼搏、多少心血才能获得的。成功从来就没有那么简单。事实上，我们经常看到，无论是在职业的选择中，还是在工作和劳动中，很多成功往往属于那些身处逆境的人，他们没有良好的条件，没有捷径可走，所以，他们走的路最实在，他们所得到的机遇也就会最多。青年人在职业选择过程中，必须充分认识到这一点，自觉而顽强地为自己创造机会。

体育运动员的汗水、鲜血让我们从中得到启示。以足球为例，在一个比赛季节开始之前，他们要常年累月地进行耐力、爆发力的体能训练，断球、停球、射门等技术训练，不停地重复，不断地改进和完善。通过训练，他们改进自己的不足之处，力求每天都能提高。这样，到了比赛那天，他们才能够在追逐过程中划下一道道美丽的弧线，打出几个精彩的、富有想象力的进球，赢得观众的阵阵喝彩。

一步一个脚印，你没有吃亏，因为你的每一步都是朝着你的目标迈进的。

在1984年5月10日香港报业工会举办的"1983年最佳记者"比赛中，香港《快报》记者曹慧燕夺得了三项"最佳记者"的金牌。曹慧燕为什么能在这个对她来说还很陌生的环境中取得成就呢？除了刻苦顽强的努力外，主要是她善于从小块文章写起。她在香港白天上工，晚上自修英语，并利用业余时间写些杂感式的"小文章"，试着向报纸投稿。第一篇小文章在香港《明报》"大家谈"专栏上刊出后，她受到很大鼓舞。于是更专注于这种"小成果"的努力。后来她进入《中报》搞香港报馆中地位最低、工资也很少的校对工作。在校对的同时，《中报》为她和她的一位同事开辟了一个名为《大城小景》的专栏，让他们每天撰写一篇短文。正是每天800字的专栏稿，磨炼了她的笔锋，活跃了她的思想，为她以后的成功奠定了坚实的基础。

如果我们将一个人的追求目标比作一座高楼大厦的顶楼，那么一级一级的阶段性的目标就是层层阶梯。这个比喻看起来太浅显了，但不少人却忽视了这一循序渐进的"阶梯原则"。

高尔基在同青年作家的谈话中说:"开头就写大部头的长篇小说,是一个非常笨拙的办法。学习写作应该从短篇小说入手,西欧和我国所有最杰出的作家几乎都是这样做的。因为短篇小说用字精炼、材料容易安排、情节清楚、主题明确。我曾劝一位有才能的文学家暂时不要写长篇,先学写短篇再说,他却回答说:'不,短篇小说这个形式太困难。'这等于说:制造大炮比制造手枪更简便些。"

高尔基讲的就是循序渐进、一步一个脚印的道理。建造一幢大楼,要从一砖一瓦开始;绳锯木断、水滴石穿就在于点点滴滴的积累。阶段性目标虽然慢,却始终向上攀登,而每个小目标的胜利总给人鼓舞,使人获得锻炼、增长才干。

台湾作家郭泰所著《智囊100》中讲了一个有趣的故事:有个小孩在草地上发现了一个蛹。他捡回家,要看蛹如何羽化成蝴蝶。过了几天,蛹上出现了一道小裂缝,里面的蝴蝶挣扎了好几个小时,身体似乎被什么东西卡住了,一直出不来。小孩子不忍,心想:"我必须助它一臂之力。"所以,他拿起剪刀把蛹剪开,帮助蝴蝶脱蛹而出。但是蝴蝶的身躯臃肿,翅膀干瘪,根本飞不起来。这只蝴蝶注定要拖着笨拙的身子与不能丰满的翅膀爬行一生,永远无法飞翔了。

这个故事说明了一个道理,每一个事物的成长都有个瓜熟蒂落、水到渠成的过程。这一过程也就是一步一个脚印的过程。

相反,欲速则不达。

远在半个世纪以前,美国洛杉矶郊区有个没有见过世面的孩子,他才15岁,却拟了个题为《一生的志愿》的表格,表上列着:"到尼罗河、亚马逊河和刚果河探险;登上珠穆朗玛峰、乞力马扎罗山和麦特荷恩山;驾驭大象、骆驼、驼鸟和野马;探访马可·波罗和亚历山大一世走过的路;主演一部'人猿泰山'那样的电影;驾驶飞行器起飞降落;读完莎士比亚、柏拉图和亚里士多德的著作；谱一部乐曲；写一本书；游览全世界的每一个国家，结婚生孩子；参观月球……"他把每一项都编了号，一共有127个目标。

当他把梦想庄严地写在纸上之后，他就开始循序渐进地实行。16岁那年，他和父亲到佐治亚州的奥克费诺基大沼泽和佛罗里达州的埃弗洛莱兹探险。从这时起，他按计划逐一地实现了自己的目标，49岁时，他已经完成了127个目标中的106个。这个美国人叫约翰·戈达德。他获得了一个探险家所能享有的荣誉。前些年，他仍在不辞艰苦地努力实现包括游览长城（第49号）及参观月球（第125号）等目标。

细雨湿衣看不见，闲话落地听无声。睁大双眼，看清脚下的小路，一心一意地走好每一步，在你身后一定会留下坚实的脚印。

打破常规，不走寻常路

懂得突破常规，才会有脱颖而出的机会。

佛经中有这样一个故事：一个寒冷的冬天夜晚，两位小和尚很快就要被冻僵了，为了活命，大师兄搬下一尊佛像砍了，烧火取暖煮食。

师弟吓坏了，说："师兄，你平时那么虔诚，拜佛、敬佛，为何今天做出这种大逆不道的事情来，对佛如此不敬？"

师兄平静地说："佛是最讲本真和自然，最忌讳虚假的表面形式。一个人渴了要喝水，困了要睡觉，饿了要吃饭，这样才能够保住性命。这都是最真实、最自然、最急需解决的事情。拜佛修炼是领悟佛理的智慧，而佛恰恰最讲究的就是随机，就是具体问题具体分析，不死守僵死的种种教条和形式。现在这种情况，我只有这样做才符合佛的本意啊！要是我不这样做，被佛理的常规所限制，只遵从佛像这个表面形式，宁愿饿死、冻死，那恰恰才是曲解了佛意！"

这个故事多少有些禅意：

作为一个佛教徒，爱护佛像是理所当然的，在通常情况下，是一定要保护好的。但是在特殊情况下，却可以把佛像砍了当柴烧。毫无疑问，这个敢于烧佛像的小和尚便是一个有智慧并且不守教条的成功者。惟如此，才能幸运地生存，有成功的机遇。因此，那些在任何情况下都唯恐打破坛坛罐罐的人，永远也没有脱颖而出的好"运气"！

在一般情况下，按常规办事并不错。但是，在常规已经不适应变化时，就应解放思想，打破常规，善于创新，另辟蹊径。只有这样，才可能化缺点为优点，化弊端为有利，在似乎绝望的困境中寻找希望，创造出新的生机，取得出人意料的胜利。

大将军田忌和齐威王赛马时，就是因为田忌的参谋孙膑善于观察，勇于打破常规，用田忌的下等马和对方的上等马比赛，用上等马和对方的中等马比赛，用中等马和对方的下等马比赛，这样三局两胜，从而在竞争中获得胜利。

敢想，就是要树立目标。一个人要想做出点成绩，必须要有理想，要有宽阔的视野和远见。没有远大理想的人一生将一事无成；敢做，就是要将想法付诸实际，取得实效；坚持，就是要持之以恒。只有坚持才能捕捉到机会。

澳大利亚曾经出现了一位打破常规的农夫。每年，从悉尼到墨尔本有一项耐力长跑比赛，全程875公里，比赛要耗时5天。这项比赛一般都是年轻的专业选手参加，而且他们有着精良的运动装备。1983年，一位61岁的农夫也报名参加比赛，并且夺得了冠军。是这位农夫有着超人的体力？还是曾经是运动健将？都不是，其实他没受过专业训练，只在农庄里追赶过羊群，他赛跑时用的是很不规范的小碎步，穿了一双橡胶靴子。他的成功就在于，别的选手跑一段时间后都要休息几个小时，睡一觉。而这位农夫并不知道中途是可以休息的。就这样，他一直跑了5天，用他特有的"碎步"跑了5天。因为速度较慢，前几天他是被人甩在后面的。可是后两天因为别人休息，他却没有停止，赶超上来，最终获得冠军。他的成功秘诀就是：日夜不停地奔跑，打破常规。

如果总结一条基本经验，就是所有成功者都是敢于打破常规的人，勤奋的人，有毅力的人，能够坚持的人，不随波逐流的人，超越自我的人，敢于冒险的人。敢于冒险？是的，打破常规也是一种冒险，在冒险中寻找获胜的机会。

打破常规也是同自己的身体和精神做斗争。人生的道路上，为心中的目标你坚持到了最后，那么你就是敢于打破常规的成功者！

为机会拭去障眼的灰尘

抓住机遇，眼力和勇气缺一不可。

《致富时代》杂志上，曾刊登过这样一个故事。有一个自称"只要能赚钱的生意都做"的年轻人，一次偶然的机会，听人说市民缺乏便宜的塑料袋盛垃圾。他立即就进行了市场调查，通过认真预测，认为有利可图，马上着手行动，很快把价廉物美的塑料袋推向市场。结果，靠那条别人看来一文不值的"垃圾袋"的信息，两星期内，这位小伙子就赚了4万块。相反，一位智商一流、执有大学文凭的翩翩才子决心"下海"做生意。

有朋友建议他炒股票，他豪气冲天，但去办股东卡时，他又犹豫道："炒股有风险啊，等等看。"

又有朋友建议他到夜校兼职讲课，他很有兴趣，但快到上课了，他又犹豫了："讲一堂课，才20块钱，没有什么意思。"

他很有天分，却一直在犹豫中度过。两三年了，一直没有"下"过海，碌碌无为。

一天，这位"犹豫先生"到乡间探亲，路过一片苹果园，望见满眼都是长势茁壮的苹果树，禁不住感叹道："上帝赐予了一块多么肥沃的土地啊！"种树人一听，对他说："那你就来看看上帝怎样在这里耕耘吧。"

有些人不是没有成功的机遇，只因不善抓机遇，所以最终错失机遇。他们做人好像永远不能自立，非有人在旁扶持不可，即使遇到一点小事，也得东奔西走地去和亲友邻人商量，同时脑子里更是胡思乱想，弄得自己一刻不宁。于是愈商量、愈打不定主意、愈东猜西想、愈是糊涂，就愈弄得毫无结果，不知所终。

没有判断力的人，往往使一件事情无法开场，即使开了场，也无法进行。他们的一生，大半都消耗在没有主见的犹豫之中，即使给这种人成功的机遇，他们也永远不会达到成功的目的。

一个成功者，应该具有当机立断、把握机遇的能力。他们只要把事情审查清楚，计划周密，就不再怀疑，立刻勇敢果断地行事。因此任何事情只要一到他们手里，往往能够迎刃而解，大获成功。

在行动前，很多人提心吊胆，犹豫不决。在这种情况下，首先你要问自己："我害怕什么？为什么我总是这样犹豫不决，抓不住机会？"

在成功之路上奔跑的人，如果能在机遇来临之前就能识别它，在它消逝之前就果断采取行动占有它，这样，幸运之神就来到你的面前。

当机立断,将它抓获,以免转瞬即逝,或是日久生变。

机遇是一位神奇的、充满灵性的,但性格怪僻的天使。它对每一个人都是公平的,但绝不会无缘无故地降临。只有经过反复尝试,多方出击,才能寻觅到它。

有一个人一天晚上碰到一个神仙,这个神仙告诉他说,有大事要发生在他身上了,他会有机会得到很大的财富,在社会上获得卓越的地位,并且娶到一个漂亮的妻子。

这个人终其一生都在等待这个奇异的承诺,可是什么事也没发生。这个人穷困地度过了他的一生,最后孤独地老死了。当他上西天,又看见了那个神仙,他对神仙说:"你说过要给我财富、很高的社会地位和漂亮的妻子,我等了一辈子,却什么也没有。"

神仙回答他:"我没说过那种话。我只承诺过要给你机会得到财富、一个受人尊重的社会地位和一个漂亮的妻子,可是你让这些从你身边溜走了。"

这个人迷惑了,他说:"我不明白你的意思。"神仙回答道:"你记得你曾经有一次想到一个好点子,可是你没有行动,因为你怕失败而不敢去尝试。"这个人点点头。

神仙继续说:"因为你没有去行动,这个点子几年以后被给了另外一个人,那个人一点也不害怕地去做了,你可能记得那个人,他就是后来变成全国最有钱的那个人。

还有,你应该还记得,有一次发生了大地震,城里大半的房子都毁了,好几千人被困在倒塌的房子里,你有机会去帮忙拯救那些存活的人,可是你怕小偷会趁你不在家的时候,到你家里去打劫、偷东西,你以这作为借口,故意忽视那些需要你帮助的人,而只是守着自己的房子。"这个人不好意思地点点头。

神仙说:"那是你去拯救几百个人的好机会,而那个机会可以使你在城里得到多大的尊崇和荣耀啊！"

"还有，"神仙继续说："你记不记得有一个头发乌黑的漂亮女子，你曾经非常强烈地被她吸引，你从来不曾这么喜欢过一个女人，之后也没有再碰到过像她这么好的女人。可是你想她不可能会喜欢你，更不可能会答应跟你结婚，你因为害怕被拒绝，就让她从你身旁溜走了。"这个人又点点头，可是这次他流下了眼泪。

神仙说："我的朋友啊，就是她！她本来该是你的妻子，你们会有好几个漂亮的小孩，而且跟她在一起，你的人生将会有许许多多的快乐。"

不要为自己找借口了，诸如别人有关系、有钱，当然会成功；别人成功是因为抓住了机遇，而我没有机遇，等等。

这些都是你维持现状的理由，其实根本原因是你根本没有什么目标，没有勇气，你是胆小鬼，你根本不敢迈出成功的第一步，你只知道成功不会属于你。

多一步，成功就近一步

机会离你也许只有一步之遥。

自信多一点

"相信自己"很重要。一个人相信自己，相信世界很美好的时候，他所见到的人都会很友善，世界也会美好。一个人不相信自己，怀疑一切的时候，他周围的人就都很狰狞，世界也一片黑暗。

信心可以移山，可改变历史的进程，可治疗伤痛，也可以创造财富。从直觉上看，我们感觉到自己生活中存在的信心的力量，有很多种表达方法可以说明这一点："对自己和自己所做的事情要有信心。"我肯定，一定有人告诉过大家说："有信心，一切都会好起来的。"这样的人是在鼓励你用自己的一系列行动来坚持住。信心是成功的基础，也是治疗失败的唯一疗法。

积极多一步

本·霍根是一名非常出色的高尔夫球手，他自称去球场练球是"训练肌肉记忆力"。当他上场时，总是重复练习同一动作，直到他的肌肉都能"记住"动作的规律为止。我们的思考习惯也是如此。我们必须重复训练思维习惯，直到当我们遇到麻烦时，思维能有如我们所希望的那样做出反应为止。也就是说，我们的大脑必须被训练成积极思考的模式。

积极思想只有在你相信它的情况下才会发生功用，而且你必须将信心与思想过程结合起来。很多人发现积极思想无效，原因之一便是他们的信心不够。以小小的怀疑和犹豫，不停地给它泼冷水。因为他们不敢完全相信：一旦你对它有信心，便会产生惊人效果。

勇敢而大胆的信仰，这是一切成功的法则。没有任何东西可以永远阻挡它。信仰可以集中一切力量，正如《圣经》中所说："只要你有信仰……你将无往不胜。"不再迟疑，不再怯懦，不再猜测，要勇敢而大胆地相信这一切，这就是胜利。

执著多一步

世界上没有任何东西能够替代恒心。才干不能，有才干的失败者多如过江之鲫；天才不能，天才泯如众人，屡见不鲜；教育不能，被遗弃的教养之士到处充斥着。唯有恒心才能征服一切。

美国前总统尼克松堪称持之以恒的典范。众所周知，由于水门事件，尼克松被迫辞职。从辞职到他逝世前的20年中，经历了巨大的精神折磨。

在1974年被迫辞职后的一段时间里,他可谓一蹶不振,突然降临的失落与忧愤,媒体的穷追猛打和冷嘲热讽,熟人朋友们则避之不及,使62岁的尼克松患上了内分泌失调和血栓性静脉炎,医生说他基本上是一个废人。

这以后,尼克松连续撰写并出版了《尼克松回忆录》《真正的战争》《领导者》《不再有越战》《1999不战而胜》和《超越和平》等一系列畅销全球的著作,以在野身份继续关心和介入美国内政外交,直到生命的终点。

"水门事件"的经历,尼克松虽然受到了极大的挫折,可他面对挫折表现出来的坚忍不拔和对国家的强烈忠诚,战胜人性弱点重新攀上人生巅峰的勇气却受到世人的钦敬。

尼克松说:"他不怕失败,因为他知道还有未来"。他说:"失败固然令人悲哀。然而,最大的悲哀是在生命的征途中既没有胜利,也没有失败。"他以一种积极的、健康的心态去面对自己的人生,而从不自怨自艾,挫折、忧愤使尼克松成为一个深怀智慧的人,而坚持不懈、持之以恒则使尼克松又达到了人生的巅峰。

创新多一步

人人都懂得创造的重要性。尤其是在今天,科学技术不断更新,人与人之间的竞争愈加激烈,在个人奋斗和集体思想同样重要的社会里,创新更是取得成功、实现自我价值的必经之路。

何谓创新?就是在原来的基础上或一无所有的情形下,创造出新的东西。创新需要创新能力,创新能力不仅是一种智力特征,更是一种性格素质、一种精神状态、一种综合素质。

要推陈出新,绝不是把一切都扔掉,连一些经得起时间考验的学识和经验都通通抛弃,不加选择地否定。要知道,经验是我们生活、学习、工作中总结出来的最实用的规律性的感觉,是做任何事都可以运用的原则性体验。而有的知识,并不是短时间就能更新换代的,相反却是放之四海而皆准、引导人类进行创新的理论。

可见,我们在突破陈旧的思维、追求更大的成功时,切忌好高骛远,被他人的成功所迷惑,从而失去目标的准确性和可行性。创新能力不仅表现为对知识的摄取、改组和运用,对新思想和新技术的发明创造,而且是一种追求卓越的意识,是一种发现问题、积极探求的心理取向,是一种主动改变自己,并改变环境的应变能力。

可以相信,终其一生都能不断创造的人,必定经历过许多变化。艺术家的一生往往有许多不同的面貌与时期。毕加索起初以印象派登场,不久就开创了立体派。康德过了大半辈子之后,才起了大转变,完成《纯粹理性批判》之后,又有一次重大的转变,先潜心于道德,然后转而研究美学。这就是说,不经过长期艰苦的努力,很难获得真正的提高。

以静制动,静观其变

以静制动的关键是我们要善于观察,于细微处发现对手的破绽,最后攻其要害,达到自己的目的。

静观其变抓痛脚,就是以静制动,即以己之"静"制服敌之"动"。静不是绝对静止,而是静观、细察、周密思考,若遇强敌或突变,常须此计。

"静"这个字,时时刻刻都离不开它。门整天不断地关和开,而户枢却常静止着;漂亮和丑陋的面容天天在镜子前"留连",而镜子却常常静止着;唯独有"静"才能制动。如果随波逐流,

第七章 用勇气和智慧找到最便捷的出路

随着动而动,所要做的事就必定没有什么结果。即使在睡觉的时候,假如不保持宁静的心境,所做的梦也会乱七八糟的。

任何盲动不如不动,静,有时比动更有力量。以静制动也要根据具体情况,灵活运用。静观并不等于消极,相反还能造成某种气势,迫使对方就范,而自己便坐收其利。

清朝康熙年间有一名叫曹福的捕快,由于他长期在衙门担任缉捕盗贼的差役,累积了丰富的经验,难以破获的盗窃大案或人命凶案交给他,很快就能破获,因而曹福很受上级的器重和同事的尊重。

平时闲来无事,曹福就喜欢在外溜达,实际是在观察过往行人的行迹,从中发现可疑之处。

这天,曹福吃罢午饭,又在河堤上游逛。河中船舶如织,南来北往,好一派繁忙景象。这时,一条小舟靠岸了。这是一艘空船,船主将小船的缆绳拴在岸上的一块大石头上,然后就坐在石头上,掏出旱烟抽了起来。

曹福看了一会儿,立刻登上小舟,坐了下来。船主看见有生人上了船,立马跨上船来,催促曹福离开,曹福就是不走。船主说:"你不走,我就要解下缆绳开船了。"曹福却笑着说:"你开船吧,我愿意与你同行。"

船主还从来没遇到过这样的人,喝斥道:"你这人真是岂有此理!为什么赖在我船上不走?"

曹福不紧不慢地说:"因为你船上有异物,我要搜查。我是衙门捕快。"

船主听他这样说,走过去揭开舱板,怒气冲冲地对曹福吼道:"你搜吧!"曹福也跟着过去一看,舱中空无一物。"这下你该上岸了吧!"船主说道。

谁知曹福并不挪步,继续说道:"请把底板打开。"船主坚持不肯。曹福拿起一根铁锤,硬把底板撬开,发现底板下有厚厚一层金帛。船主顿时傻了眼。曹福将其扭送衙门，经审讯船主是多年的老贼。

曹福似乎在漫不经心中拿获老贼，人们十分奇怪，问他凭什么发现船上有赃物。曹福笑着说："其实这很简单，我看这船很小，船舱又未装什么货物，但它行驶在河中，风浪却不能使其波动；而船主在拴船缆时，牵拽也很是吃力，故我断定船夹底里一定有重物，一查果然如此。"

又有一次，城外田沟发现了一具尸体。死者不是本地人，像是外地商人，显然是凶手谋财害命。但案发后，凶手已逃之夭夭，县令严令捕快近日拿获凶手。其他捕快经过明察暗访，查不到丝毫线索，十分焦急，都想去请教一下曹福，可是曹福却不见了踪影。经过一番搜寻，大伙才在河堤边的一座茶馆里找到了他。曹福正临窗而坐，一边喝茶，一边注视着河中的情景。

"曹兄，你真有闲情逸致，坐在这儿品茗赏景，我们都急死了。"大伙不无埋怨地说道。

"急什么？来，来！坐下喝杯茶再说。"曹福招呼大家坐下，眼睛却始终不离河面。

大伙儿被他搞得莫名其妙，说道："河里有什么看头，除了船还是船。快给我们想想办法吧。"

正在这时候，河对岸有一艘大船开走了，原来被它遮住的一艘中等船呈现出来。这艘船上晒着一床绸被。曹福注视了一会儿，立刻把桌子一拍："凶犯就在那艘船上面！"

大伙儿来不及细问，都一齐向河边奔去，借了艘小船，很快地划到对岸，连船带人扣了下来，送往衙门。

经过审讯，船主终于招供：一个行商的人坐他的船时，他发现这人带了很多银子，于是起了歹心，夜间乘商人熟睡时把他杀了，然后将尸体抬到岸上，扔在田沟旁。

一桩杀人凶案就这样给破了。事后，大伙儿特地将曹福邀到那座茶馆，请他谈谈怎么就能一眼识别真凶。

曹福呷了一口茶，笑了笑说："干我们这一行的人，一是要累积经验，二是要善于观察。你们当时大概没有看到，那艘船船尾晒着一床新洗的绸被，上面苍蝇群集，这就有问题。大凡人的血沾上衣被等物后，血迹虽然能够洗去，但血腥味却很难一下子除净，所以招来苍蝇。那床绸被上有苍蝇，证明上面一定有血腥味，苍蝇又聚集了那么多，说明血腥味很浓，肯定沾了很多人血。如果不杀人，哪来这么多的人血？这是其一。其二，只要在船上待过，都应知道船家根本不用或极少使用绸被面的。况且，船家再富有，洗被子时也绝不会不将绸面拆去而与被里子一同洗晒，而这个船主就将整床绸被子一起洗晒，这不是盗来的又是什么？就凭这两点，我断定船主就是凶手。"

听到这里，大伙个个点头称是，无不佩服曹福的智慧和经验。

曹福就是凭着自己经验和智慧，静静地观察，以静制动，但同时又从别人的"动"中发现问题所在，抓住凶手。

第八章
能谋善断，果断中寻觅机会

有时候，许多机会里蕴藏着让人一败涂地的危机，而许多危机中却酝酿着置之死地而后生的绝佳机会。的确，现实生活中的机遇是富有神奇色彩的，有时候是化作另外一种形式呈现在你的面前，你若用能谋善断的智慧识别它、把握它，必能创造辉煌的人生，成就伟大的事业。

深谋善断，绝不坐失良机

缺乏迅速果敢和机动灵活应变能力的人，只能坐失良机。

杰出人的突出特点就是性格果决，多谋善断。决策果断是人格心理的优良品质，它影响到人的行为的成败。缺乏果断品质的人，遇事优柔寡断，在做决定时，往往犹豫不决，而在做出决定之后，又不能坚决执行。

在《三国演义》一书中，关于诸葛亮多谋果断的故事，有很多描述。

西蜀的街亭被司马懿夺走之后，司马懿又率大军50万去夺取诸葛亮驻守的西城。当时城中只有2500名老弱残兵，这是一座空城。面对强大的敌人，战也不能战，守也守不住，又不能逃跑。在这千钧一发的困境中，诸葛亮毫不犹豫地隐匿兵马，城门大开，令少数几个老兵装作平民百姓打扫街道。他自己登上城楼，面对城外而坐，弹琴，饮酒，怡然自得，好一派永庆升平的景象。正是这场"空城计"，使司马懿仓惶逃走，诸葛亮扭转了战局，由败转胜。诸葛亮决策果断，堪称典范。

影响果断品质的因素有多种：

第一，有广博的知识和丰富的经验。谋略与知识是密不可分的，只有知识面广才能足智多谋；孤陋寡闻的人，只能导致智力枯竭。诸葛亮在未出茅庐之时，就上知天文下晓地理，对天下大势了如指掌，就已经制定了东联孙吴，北拒曹魏，三分天下有其一的战略。可见他后来能果断地巧施"空城计"的谋略也就不足为奇了。

第二，果断是经过充分估计客观情况，认真研究和掌握交往对象的各种情况而产生的谋略。曹操率领百万大军进犯江东孙权疆界,东吴朝野上下,主战主降者各执一词,孙权也犹豫不决。

出使东吴的诸葛亮,详细分析了曹操的各种情况。诸葛亮认为,曹操号称百万之师,其实不过四五十万,而且降兵将多,军心不稳,没有战斗力,曹兵皆北方人,不服南方的气候、水土,不习水战,难以致胜。这样的分析,使孙权点头折服,接受了诸葛亮的东吴与西蜀联手抗曹的谋略。这从降到战的转变,正是由于分析和掌握作战对象的情况而制定的。

诸葛亮设计"空城计",也正是他经过深思熟虑后对司马懿心理状态的正确判断。正如诸葛亮后来所说:"此人料吾生平谨慎,必不弄险,见如此模样,疑有伏兵,所以退去,非吾行险,概因不得以而用之。"

第三,对较为复杂的交往活动,为了实现谋略,往往需要同时设想多种方案,以便主体能得以选择最理想的交往谋略去指导交往。

第四,要把握时机,适时地做决定。俗语说:"机不可失,时不再来。"交往的谋略要适合一定的机会,一定的谋略总是在特定时间和地点,在特定条件下才能成功,谋略也是随着时间、地点、条件的变化而变化。

在《钢铁是怎样炼成的》一书中曾讲述过这样一段故事:保尔·柯察金在途中见到自己的战友朱赫来被敌人的一个士兵押解着。这时,保尔的心狂跳起来,猛然想起自己衣袋里的手枪。于是决定等他们从身边走过时,开枪射死敌士兵,但是一个忧虑的念头又冲击着他:"要是枪法不准,子弹万一射中朱赫来……"就在这一刹那之间,敌士兵已走近面前,在这关键时刻,保尔出其不意地一头扑向那个士兵,抓住了他的枪,死命地往下按……朱赫来终于得救了。

这段故事充分表现了保尔·柯察金的这个决定是果断有力的。

果断不同于冒失或轻率。果断是经过深思熟虑，充分估计客观情况，迅速做出有效的决定；在根据不足，又容许等待时，善于等待，并进行准备；在情况发生变化时，又善于根据新情况，及时做出新决定。

对症下药，在变局中求生存

时势造英雄，机会往往伴随着变局而来。

在变局中求生存，是几千年来中国民间的一种心照不宣的生存哲学，一切都是为了活下去而已。"变"的表现形式千变万化，最令人难以捉摸，有大变，有小变，有全局变，有局部变，有质变，有量变，认识到变化并不是一件难事，难在认识到所面临的变化的性质和特征，因为只有这样，才能对症下药，应对变化。

李鸿章的长处正在于此，倾刻地把握了变化的特征，认识到当时的变化是全局性的变化，是质变，是千古未有之奇变，培养了大局观，因为明变，使他引领风潮，成为当时社会最有见识的实力派官员。

李鸿章所处的时代，是中国社会剧烈动荡和社会性质发生变异的特殊时期。空前强大的外国侵略者，威胁着清廷的生存。这些侵略者不仅只用少数兵力就直捣中国的京城，迫使咸丰皇帝俯首求和，而且，其侵略触角还广泛地伸向中国的政治、经济、军事、文化等诸多领域，引起中国政治格局和社会生活的巨大变异。

第一次鸦片战争时期，国门刚被打开，一些有识之士就已察觉到，中国正面临着"千古之变局"，甚至发出了"此华洋之变局,亦千古之创局"的惊呼。第二次鸦片战争的后果更令人触目惊心,一些进步的思想家如冯桂芬、薛福成、王韬等,或著文,或上书,痛陈列强侵略深入的现状,论证中国正在经历着"千古变局"。

19世纪50年代初,李鸿章投身镇压太平天国。在与外国侵略者的军事合作中,李鸿章获得了许多对西方的感性认识,开阔了视野,因而较快地接受了"变局"的观点,并结合切身的体验,形成了自己的时局观。

同治三年(1864)秋,李鸿章在致友僚的信中,就以"外国利器强兵百倍中国,内则狎处辇毂之下,外则布满江海之间"来描述西方列强深入侵略的状况。1865年,他又在一封私人的信函中,以"千古变局"来概括时势。同治十一年(1872)六月,同治十三年(1874)十二月,他分别写了两份奏疏,全面论述了时局的特点。在第一份奏疏中,他写道:

"欧洲诸国百十年来,由印度而南洋,由南洋而东北,闯入中国边界腹地。凡前史之所未载,亘古之所未通,无不款关而求互市。我皇上如天之度,概与立约通商,以牢笼之。合地球东西南朔九万里之遥,胥聚于中国,此三千余年一大变局也。西人专恃其枪炮轮船之精利,故能横行于中土。中国向用之弓矛小枪土炮,不敌彼后门进子来福枪炮;向用之帆蓬舟楫艇船炮划,不敌彼轮机兵船,是以受制于西人"。

在第二份奏疏中,他写道:

"历代各边多在西北,其强弱之势,客主之形,皆适相埒,且犹有中外界限。今则东南海疆万余里,各国通商传教……阳托和好之名,阴怀吞噬之计,一国生事,诸国惑煽,实为数千年来未有之变局。轮船电报之速瞬息千里;军器机市之精工力百倍。炮弹所到,无坚不摧,水陆关隘,不足限制,又为数千年来未有之强敌。"

李鸿章对王韬等人的观点作了进一步发挥，使"变局"观的论据更全面，更充实，在朝中产生了较大影响，引起了较广泛的共鸣。

李鸿章对时局的认识，首先在于承认"变"，并且十分重视这个"变"。这代表了清廷内外一部分较能正视现实并想努力加以挽救的官僚士大夫的思想，而与另一些闭目塞听的顽固派相区别。他常用这种变局观批驳那些不识时务者，抨击许多"士大夫囿于章句之学，而昧于数千年来一大变局，狃于目前苟安"，以唤起人们的民族忧患意识。

他不止一次地提醒清政府："自古用兵未有不知己知彼而能决胜者，若彼之所长，己之所短尚未探讨明白，但欲逞意气于孤注之掷，岂非视国事如儿戏耶？"希望清廷能从固步自封、妄自尊大的密封圈中摆脱出来，关注宫墙外世界的变化，承认数千年来雄踞东方的泱泱大国已成为列强欺凌宰割对象的现状，承认敌强我弱的事实，认清形势，设法力挽大厦将倾。

变局观是李鸿章政治主张的出发点，也是他推行洋务运动及考虑各项对内对外政策的主要客观依据。他迫切要求改变这种现状，还发出了"我朝处数千年未有之奇局，自应建数千年未有之奇业"的豪言壮语，并认定只要"内外臣工，同心同等，以图自治自强之要，则敌国外患未必非中国振兴之资，是在一转瞬间而已"。

李鸿章较早地感触到了中外关系和客观环境的巨变，认识到中国与西方在武器和科学技术上存在的巨大差距，从而吁请清政府适应形势，学习西方的长处，力图自强，其思想具有开明性、进步性。同时，正因为他准确地把握了当时的局势，使得他成为晚清政府离不开的人物。基于变局的认识，李鸿章推动深化洋务运动，利用自己的实力和影响，将中国引上近代化的道路，发挥了积极的作用。

主动出击，抢先一步抓机会

好机会天天都有，坐在家里等不来，还要自己费心去寻找。现代竞争在很大程度上就是机会的竞争，机会是至为宝贵的。因此，一个优秀的人在机会来临的时候，是绝不会放过机会的。

不要认为那些成功者有什么过人之处，如果说他们与常人有什么不同之处，那就是当机会来到他们身边的时候，立即付诸行动，决不迟疑，这就是他们的成功秘诀。

上帝是公平的，他赐予每个人以相同的机会。但是有的人成功了，一跃成为商业巨人、上层名流。而有的人却终日庸庸碌碌，一事无成。原因就在于有人抓住了机遇办成了事，有的人却让机会轻易溜走。

机会不是一种经过驯化的动物，它也有反咬一口的能力。一个发财的机会，处置得宜，则财源滚滚；处理失当，也可能使自己蒙受重大损失。这就是很多人在机会降临时却畏缩不前的原因。能否成功，不仅是能力问题，也要看你有没有一决胜负的魄力。

很多人把自己无所成就的原因归结于没有遇到好机会。也许确实如此。但没有遇到好机会不等于没有好机会。你有真知灼见，藏在心里，别人就不知晓；你有盖世才华，从不显露出来，别人怎么会重用你？只有努力展示自己，才可能获得更好的机会。有时候，还需要跳起来，去争取那些好像不属于自己的机会。

晋献公时，东郭有个叫祖朝的平民，上书给晋献公说："我是东郭草民祖朝，想跟您商量一下国家大计。"

晋献公派使者出来告诉他说："吃肉的人已经商量好了，吃菜根的人就不要操心吧！"

祖朝说："大王难道没有听说过古代大将司马的事吗？他早上朝见君王，因为动身晚了，急忙赶路，驾车人大声吆喝让马快跑，坐在旁边的一位侍卫也大声吆喝让马快跑。驾车人用手肘碰碰侍卫，不高兴地说：'你为什么多管闲事？你为什么替我吆喝？'侍卫说：'我该吆喝就吆喝，这也是我的事。你当御手，责任是好好拉住你的缰绳。你现在不好好拉住你的缰绳，万一马突然受惊，乱闯起来，会误伤路上的行人。假如遇到敌人，下车拔剑，浴血杀敌，这是我的事，你难道能扔掉缰绳下来帮助我吗？车的安全也关系到我的安危，我同样很担心，怎么能不吆喝呢？现在大王说'吃肉的人已经商量好了，吃菜根的人就不要操心吧'，假设吃肉的人在决定大计时一旦失策，像我们这些吃菜根的人，难道能免于肝胆涂地、抛尸荒野吗？国家安全也关系到我的安危，我也同样很担心，我怎能不参与商量国家大计呢？'"

晋献公召见祖朝，跟他谈了3天，受益匪浅，于是聘请他做自己的老师。

祖朝不过是一个平民，跟高官厚禄相距遥远，好像没有什么受重用的好机会。但他主动跳起来，跳得高高的，让人看到了他与众不同的才能，他就得到了机会。

很多有才能却抱怨"英雄无用武之地"的人，为什么要呆在那里等别人来发现自己、重用自己呢？何不跳起来抓机会呢？这个道理，就像你有一件珍宝，想卖出去，既然没有人上门求购，就只有自己主动上门推销。在买方与卖方之间，必有一方主动。既然别人不主动，自己何不主动一点呢？

当机立断，早做决定

长久地迟疑不决的人，常常找不到最好的答案。

事之成败皆在于果敢决断，许多优秀的领导者就是因为他们做事不犹豫，该断则断，摒弃了优柔寡断的不良品质，所以大有成就。

曹操事业之成功，其酷虐、机变的个性及表现，在扫荡政敌，诛除异己，树威秉势，以猛药治乱世上，固然发挥了特殊作用，然而，单凭树威秉势还不足以成大业，还需具备审时度势、多谋善断、知人敢任、施思尽能的特殊才能、智谋和魄力才行。在这方面，曹操显露出政治家、军事家非凡的雄才大略。

曹操在知人敢任、用才尽能方面，确实表现非凡，同袁绍"矜愎自高，短于从善"形成鲜明对比。连诸葛亮都说："曹操比于袁绍，则名微而众寡，然操遂能克绍，以弱为强者。非惟天时，抑亦人谋也。"

曹操"能断大事"，占得先机，夺取政治、军事上的主动权，被人称为"谋胜"。仅举一事加以论述：

建安元年春，汉献帝流落安邑，献帝虽是个名存实亡的傀儡，但在汉末天下分崩的形势下，依然是最高权力的象征。当时，从中央到地方的臣僚，拥护汉室的正统观念还很强。所以，有头脑、有远见的政治家都想把汉献帝抓到手。从当时的力量来看，袁绍是最具有此条件的。《三国志·袁绍传》斐注引《献帝传》，载有袁绍谋士沮授的一段论述：

沮授说绍曰："将军累叶辅弼，世济忠义。今朝廷播越，宗庙毁坏，现诸州郡外托义兵，内图相灭，未有存主恤民者。

且今州城粗定，宜迎大驾、安宫邺都，挟天子而令诸侯，富士马以讨不庭，谁能御之！"

绍悦，将从之。

郭图、淳于琼曰："汉室凌迟，为日久矣，今欲兴之，不亦难乎！且今英雄据有川郡，众动万计，所谓秦失其鹿，先得者王。若迎天子以自近，动辄表闻，从之则权轻，违之则拒命，非计之善者也。"授曰："今迎朝廷，至义也，又于时宜大计也。若不早图，必有先人者也。大权不失计，功在速捷，将军其图之！"绍弗能用。

在决定是否迎纳献帝这一至关重要的问题上，袁绍的确像荀彧说的那样"迟重少决，失在后机"，暴露了"志大而智小，色厉而胆薄"、多谋少决、优柔寡断的致命弱点，拒绝了沮授的建议，而丧失了先机迎纳汉献帝的主动权。沮授的警告和预言算说准了："若不早图，必有先人者也"，这个"先人者"恰恰就是袁绍的对头和克星——曹操。

当时在是否迎纳汉献帝的问题上，曹操内部也发生了一场争议。曹操召集会议，商议奉迎汉献帝于都许一事时，大多数都持反对意见，荀彧不以为然，独排众议，主张奉迎汉献帝。荀彧的"奉主上以从民望，秉至公以服雄杰"的战略思考和"若不时定，四方生心"的劝告，同沮授所讲'挟天子而令诸候"、"若不早图，必有先人者"完全是不谋而合。这足以说明，时势如此，英雄所见略同。曹操在这稍懈即逝的机遇面前，果断地采纳了荀彧的建议，奉迎汉献帝。恰逢董承不满韩暹矜功专恣，难以共事，暗地派人请曹操带兵去洛阳勤王。这样，曹操便名正言顺地带兵赴洛阳朝见汉献帝。随即在朝廷任议郎的董昭建议曹操，以"京都无粮，欲车驾暂幸鲁阳，鲁阳近许，转运稍易，可无县乏之忧"为理由，不使杨辛等人生疑。曹操欣然采纳，顺利地将献帝奉迎到许。自此，董昭便成为曹操的心腹谋士。

这件事处置得实在果决、漂亮，充分显示出曹操能断大事、应变有方、谋胜于人的卓越才能。在当时引起强烈的社会反响，尤其是袁绍得知汉献帝被曹操奉迎到许，后悔不迭，于是穷思竭虑，又想出了补救办法：以他盟主身份，借口"许下坤湿，洛阳残破。宜徙都鄄城"，令曹操把汉献帝迁到鄄城以自密近，便于得机将其控制在自己手上。

曹操根本不买帐，转请献帝发下一道诏书责备袁绍："地广兵多，而专自树党，不闻勤王之师，但擅相讨伐"，迫使袁绍上书陈诉一番。

这正是曹操"奉天子以令天下"策略的妙用。优柔寡断的袁绍丧失了汉献帝这张王牌，处处受制于曹操，而曹操则由此掌握了天下大权，在群雄中脱颖而出。

那些优柔寡断的人，请记住德国伟大诗人歌德这句富有哲理的话："长久地迟疑不决的人，常常找不到最好的答案。"

巧装糊涂，等待出手时机

能成就大事的人往往懂得在隐忍和蛰伏中等待机会的来临。

历史经验告诉我们：身处弱势时，要忍住急于求成的心理状态，不要过于暴露自己，而要凭借着良好的外界形势，壮大自己的力量。当然，在保持和发展自己的强势的同时，还要学会装糊涂，尽量掩饰自己表面的强壮，隐忍以行，以退为进。

康熙帝在8岁当上皇帝，那时还是个什么都不懂的小孩子。他的父亲顺治帝临死前，命4个满族大臣辅佐他处理国家大事。鳌拜虽位居4大臣之末，但掌握着兵权，不断扩大自己的势力，而且性情特别凶残霸道，他有权有势，如日中天，皇帝简直成了他的附属品。

在康熙帝 14 岁亲自执政后，鳌拜还是专横地把持着朝政，根本不把皇帝放在眼里。不但小皇帝对他十分痛恨，就连众大臣也是敢怒不敢言。

康熙帝想除掉鳌拜，但慑于他的权势，只好先装模做样。他用一切时间学习政治，用一切机会实践政治。同时，他还要作出依然不懂事的样子，傻玩傻闹，绝不让鳌拜看出他的真实想法。

有一次，鳌拜和另一位辅政大臣苏克萨哈发生争执，他就诬告苏克萨哈心有异志，应该处死。这时，好歹康熙帝名义上是已经亲政的皇帝，鳌拜先要向他请示。

康熙帝明知道这是鳌拜诬告，就没有批准。这下可不得了，鳌拜在朝堂上大吵大嚷，卷着袖子，挥舞拳头，闹得天翻地覆，一点臣下的礼节都不讲了，最后，还是擅自把苏克萨哈和他的家属杀了。

从此以后，康熙帝更是下决心要整顿朝政。为了擒拿鳌拜，他想出一条计策。

康熙帝在少年侍卫中挑了一群体壮力大的，留在宫内，叫他们天天练习扑击、摔跤等拳脚功夫。空闲时，他常常亲自督促他们练功、比武。而且，消息一点都没有走露出去。

有一天鳌拜进宫奏事，康熙帝正在观看少年侍卫练武，只见少年侍卫正在捉对儿演习，一个个生龙活虎，皇帝还在场外指指点点。

康熙帝看见鳌拜来了，大吃一惊，心想坏了，如果被鳌拜看出破绽，那别说皇位坐不安稳，就连命也要陪进去了。真是福至心灵，他灵机一动，故意站起身走进场去，笑着夸奖这个勇敢，奚落那个功夫不到家，说：“来，你和我打一架，看看我的功夫。”一派贪玩的少年形象。

-131-

鳌拜一看皇帝如此胡闹，心中暗笑，看来这大清的江山，永远是我鳌拜的了。鳌拜走近康熙帝，刚要奏事，康熙帝却摆摆手说："今天玩得痛快！有事先不要说，等我……"

鳌拜连忙说："皇上，外庭有要事奏告。皇上下次再玩吧。"康熙帝这才恋恋不舍地和鳌拜进殿去了。

过了一段时间，少年侍卫们的武艺练习得有了长进，鳌拜的疑心也全消除了，这时，康熙帝决定动手除奸。这天，他借着一件紧急公事，召鳌拜单独进宫。鳌拜哪里有什么防备，骑着马就大摇大摆地进宫来了。

康熙帝早已站在殿前，一见鳌拜已经走进，便威武地喝道："把鳌拜拿下！"只听得一阵脚步响，两边拥出一大群少年侍卫，一齐扑向鳌拜。

鳌拜不一会儿就被众少年掀翻在地，捆绑起来，关进大牢。

康熙帝用隐忍之法，除掉了这个朝廷祸害，显示了康熙帝少年有为、有勇有谋的皇帝风范。

其实人生的漫漫长路，风云变幻，难免危机四伏，为保全自己，打击对手，还是要做做样子，装装糊涂，麻痹对手，伺机而动才能咸鱼翻身。

喜欢逞一时之勇、图一时之快、不考虑后果的人，应该记住：留得青山在，才有东山再起的资本。

局势不利，不妨暂时妥协

妥协有的时候是换取机会的一种策略。

暂时妥协是人生的一大策略，是在这一过程中等待时机，创造条件，以求扭转乾坤以图东山再起。

"妥协"就其词义来说，是用让步的方法避免冲突或争执。从词性上看，妥协并无褒贬之分。近日得闲，翻阅史传、小说，顿生感悟：原来，暂时的或者说必要的妥协，乃是人生一大策略。

袁崇焕是明末著名军事家，官至兵部尚书。他屡次击退清军的进攻，战功卓著，结果却是含冤被杀。小说中说，辽东战役时袁崇焕曾想以暂时的妥协换取准备的时间。他认为，当军事上的准备没有充分之时，暂时与外敌议和以争取时间，历史上不乏先例。汉高祖刘邦曾与匈奴议和，争取时间来恢复、蓄养国力和兵力，等到汉武帝强盛时才大举反击；唐太宗李世民曾代父皇李渊做主，与突厥议和，等到兵马齐备、军队训练有素时，才派李靖北伐，大杀突厥犯敌。同是妥协议和，秦桧与金朝的议和，同诸葛亮与孙权、周瑜的议和，有着天壤之别，前者是屈膝投降，而后者是暂时退让，这种妥协是为将来的进攻做策略上的准备，不可同日而语。然而，袁崇焕当时的委曲求全的妥协策略，难以让人理解，其为社稷忍辱负重、行举世嫌疑之事，实属不易，此不多论。

的确，有进攻必有退守，有冲突也应有妥协。大至军国之重，小至家务琐屑之争，带兵打仗，为官从政，做人处世，必要的妥协往往是不可少的。

小不忍，则乱大谋。对于一个血气方刚的人来说，隐忍、妥协，有时并不意味着胆小、怯懦。含辱妥协，既要战胜自我，消除受辱的复仇心理，又要战胜别人，不顾世俗的猜疑、歧视，这又何尝不是一种勇敢呢？

暂时的妥协、必要的妥协，的确是一种重要的为政之道、军事之道、人生之道。大道通了，至于邻里纠纷、兄弟失和、夫妻斗嘴之类的日常矛盾，便不难用"妥协"来化解了。学会妥协，学会放弃，实则是人生一大课题。

隋朝的时候，隋炀帝十分残暴，各地农民起义风起云涌，隋朝的许多官员也纷纷倒戈，转向农民起义军，因此，隋炀帝的疑心很重，对朝中大臣，尤其是外藩重臣更是易起疑心。唐国公李渊（即唐太祖）曾多次担任中央和地方官，所到之处，有目的地结纳当地的英雄豪杰，多方树立恩德，因而声望很高，许多人都来归附。这样，大家都替他担心，怕遭到隋炀帝的猜忌。

正在这时，隋炀帝下诏让李渊到他的行宫去晋见。李渊因病未能前往，隋炀帝很不高兴，多少有点猜疑之心。当时，李渊的外甥女王氏是隋炀帝的妃子，隋炀帝向她问起李渊未来朝见的原因，王氏回答说是因为病了，隋炀帝又问道："会死吗？"

王氏把这消息一传给了李渊，李渊更加谨慎起来，他知道隋炀帝对自己起疑心了，但过早起事又力量不足，只好低头隐忍，等待时机。于是，他一面向隋炀帝表示忠心臣服之意，一面故意广纳贿赂，败坏自己的名声，整天沉湎于声色犬马之中。此举颇见效果，隋炀帝放松了对他的警惕。试想，如果当初李渊不主动低头，或者头低得稍微有点勉强，很可能就被正猜疑他的隋炀帝杨广除掉了，哪里还会有后来的太原起兵和大唐帝国的建立？

妥协是在不利形势下所实行的一种让步政策。斗争处于劣势时，对方往往提出无理要求，我们只好暂时让步，满足其要求，以待危机过去，再解决问题。

这样做有什么好处呢？

一是可以避免时间、精力等"资源"的无效投入。在"胜利"不可得，而"资源"消耗殆尽日渐成为可能时，妥协可以立即停止消耗，使自己有喘息、充实力量的机会。

二是可以获得暂时的和平，来扭转对你不利的劣势。我们之所以处于劣势，最大的原因是实力不足，或者内治、外交方面出了问题。无论提升实力还是解决问题，都需要时间。用妥协换来"和平"，你便可以利用这段时间来引导"敌我"态势的转变。

三是可以维持自己最起码的"存在"。妥协往往要付出相当的代价,但却换得"存在"。俗话说,"留得青山在,不怕没柴烧"。存在是一切的根本,因为没有存在,就没有明天,没有未来。也许这种附带条件的妥协对你不公平,让你感到屈辱,但用屈辱换得存在,换得希望,相信也是值得的。

妥协有时候会被认为是屈服、是软弱、是"投降",而事实上,妥协是一种非常务实、通权达变的智慧,既是转危为安的战术,也是图谋远举的战略。所以,古今智者都懂得在必要时向别人妥协。毕竟人生成功靠的是理性,而不是意气。

跌倒了不要空手爬起来

准备接受最坏的结果,向最好的结果努力,是应对挫折的一个好办法。

能够认为苦难才是机会的人,是会获得成功的人。没有这种想法,苦难会带来更多的苦难。人生中有很多障碍或苦难,同时所有苦难都藏匿着成长和发展的种子,但能发现这种子,并培养出来的好人,往往只有少数。

工作中遭遇重大挫折,是每个奋斗者都有过的经历。当"坏事"已经降临,悔恨、抱怨、痛苦,都没有价值,不如从事情变坏的原因着手,设法修正它。任何一件事都是由许多要素构成,全部做对或全部做错的情况极少。所谓失败,通常只是某些事情没有做好,并不是一无是处。只要搞清原因,加以改进,事情或许就有转机。即使无法挽回,也可以确保下次不会再发生同样的失败。

"化妆品女王"玛丽·凯是一个雄心勃勃的女人，到了离休的年龄，她忽然萌生创业的念头，创办了一家化妆品公司。为了提高知名度、打开销路，她决定拿出有限积蓄，举办一个产品展销会。她对这次展销会抱有很大期望，结果却事与愿违。这天，她总共只卖出 1.5 美元。她难过得无以复加，再也没心情在会场呆下去了，驱车匆匆离去。转过一个街角，她再也控制不住情绪，伏在方向盘上嚎啕大哭。

　　哭过一阵之后，伤心的感觉减轻了不少，恐惧又攫住了她的心：这回将养老金都搭进去了，万一创业失败，以后的日子可怎么过呀！想到这里，她心乱如麻。

　　过了许久，她克制住恐惧情绪，暗暗安慰自己："也许事情没有那么糟，我应该想个办法解决问题。"她的心渐渐平静下来，开始思索失败的原因。她一项一项分析，始终不得要领。忽然，她脑海里电光一闪，明白自己犯了一个常识性错误：忘了向外散发订货单。那么，客户自然会认为她只是展览而非售卖。

　　找出了原因，就不会在同一块石头上绊倒。当她第二次举办展销会时，各项准备工作都做得很好，办得非常成功。后来，她的产品行销世界各地，公司员工多达十余万人，她本人也成了举世公认的"化妆品女王"。

　　俗话说："人没有被山绊倒的，只有被石头绊倒的。"工作中的挫败，多数是因为一些细小环节出了问题，并非不可补救。即使事情不可逆转，至少应该输得明明白白。

　　但是，人们常常被眼前的挫折弄得心神不宁，脑子里设想种种不妙的后果，以至于没有时间检讨遭遇挫折的原因。这时候该怎么办呢？不如直接想到最坏结果——假设这件事带来了最坏结果，将会如何？你也许会发现，事情并没有那么可怕。然后，你从最坏的结果出发，向较好的结果努力，事情也许会发生可喜的变化。

美国企业家威利斯·卡瑞尔年轻时，曾在一家铸造厂当员工。有一次，他负责给一家公司安装了一台瓦斯清洁机。因操作失误，安装失败了，可能导致这台清洁机报废，给公司造成2.5万美元的损失。卡瑞尔心里懊恼不已，他不知道老板会如何看待这件事，也不知道怎样的坏运会降临到自己头上，他每天担心着这件事，以至于吃不下、睡不着。后来，他霍然想通了："大不了被老板开除，那又怎样？凭我的技术，难道找不到工作？"

想到这些，他的心情安定多了，接下来，他一门心思地研究如何解决问题。经过反复实验，他发现，只要再多花5000美元，加装一套辅助设备，就可解决问题。结果，在这件生意上，公司非但没有亏钱，还赚了2万美元，卡瑞尔也因出色的应变能力，受到老板的赞赏。

任何一件事，最后都只有一种结果，人们之所以惊恐不安，是因为不停地设想各种可怕的结果，使头脑发生了混乱。假如最坏的结果也可以承受，这件事又有什么可怕呢？而许多人一陷入困境，就悲观失望，并给自己施加很重的压力，其实，应告诉自己，困境是另一种希望的开始，它往往预示着明天的好运气。因此，你应该主动给自己减压。

只要放松自己，告诉自己希望是无所不在的，再大的困难也会变得渺小。困境自然不会变成阻碍，而是又一次成功的希望。

第一是决心要克服苦难的人。没有这种决心的话，再怎么说"苦难才是机会"，也只会变成以另一种苦难结束的悲剧。

第二是能够认为苦难才是机会的人。没有这种想法，苦难会带来更多的苦难。

碰到危机时，一部分人会陷入恐怖状态，另一部分人反而会利用这个机会取得成功。这种差别才是改善人生的决定性的差别。

我们应记住，不管怎样不利的条件，只要我们能正确处理，都可能把它转变为有利的条件。在欢喜状态时，人们大都不会自我反省，也没有上进心。相反，在苦恼或挫折面前，却经常会进行自我反省，反而有得到真正的幸福和欢乐的机会。

坏事中也有可以利用的机会

福祸相依，好事和坏事都有可能是一次机会。

一件坏事所能造成的损失通常没有人们想象的那么大，由于人们痛恨坏事，恨不得离它越远越好，急于抛弃它，以致把其中许多带来好处的方面一齐抛弃了，得到的是最坏的结果。

平庸的商人只能从好事中赚钱，优秀的商人从坏事中也能赚到钱。这是两种不同的境界。

有一家厂商，卖了一台有质量问题的汽车给一个顾客。顾客投诉时，厂商却认为产品质量没有问题，置之不理，结果引起一场官司。这场官司被新闻界炒得沸沸扬扬，厂商的销售额因此急剧下降。因为公众普遍认为他们缺乏负责任的态度。原本只是一辆汽车的问题，最后却影响到很多汽车的销售，这不是从坏事中得到了最坏的结果吗？

聪明的人永远不会做这种最坏的选择，他们知道怎样从坏事中获益。比如，他们也会遇到质量问题，处理方法却大不相同。

1988年，南京发生了一起电冰箱爆炸事件，出事的是沙市电冰箱总厂生产的"沙松"牌冰箱。电冰箱居然会爆炸，这在全国尚属首例。此事见诸报端后，引起众多冰箱用户的惊恐。

沙市电冰箱总厂获此信息，火速成立了一个由总工程师、日本技术专家等组成的调查小组，奔赴南京。他们本着负责任的态度，通知新闻媒体，允许媒体现场跟踪报道，向市民反映真实情况。

到了出事现场，日本专家对爆炸冰箱进行检查，发现压缩机工作正常，制冷系统工作正常。很显然，爆炸跟冰箱本身无关，因为冰箱的壳体是不可能爆炸的。

厂方代表问事主在冰箱里存放了什么物品，但事主拒不回答，只是要求赔偿一台新的冰箱。为了尽快弄清真相，厂方同意无论什么原因引起爆炸，都赔给他一台冰箱。这样事主才承认，自己在冰箱中存放了易燃易爆的丁烷气瓶。至此，事情真相大白。沙市冰箱总厂虽然为此事耗费了大量的人力物力，但这种负责的态度经多家媒体报道后，知名度和美誉度大大提高。产品销售也迅速看涨。

任何报废的物品都有残存的价值，任何坏事中都有可以利用的机会。就像用一块朽木能雕成一个艺术品一样，你甚至能发掘出比坏事本身更大的价值。这当然需要一点独具匠心的运作手段。

高明的政客都是利用坏事的专家，无论是闹洪水，闹瘟疫，还是发生战争，都是他们笼络人心的机会。

高明的商人也是利用坏事的专家，即使从损失金钱这种切肤之痛的事情中，他们也能发掘出赚到更多金钱的机会。这正是他们能在任何环境条件下都能致富的原因。

好事或坏事，原本没有明显的界限，它们最后带来何种结果，全看当事人的魄力。因此，一个人的成功，往往取决于他有没有将坏事变成好事的能力。

第九章
责任多一点，成功就会近一点

"机会"往往与"责任"紧密相连。只有聪明的人才能够看到机会究竟藏在哪里。负责任的人，实际是抓住机会的人；逃避责任的人，看似世事通达，实际是放弃机会的人。当你觉得自己缺少机会或者职业道路不顺畅的时候，不要抱怨别人，而应该问问自己是否承担了责任。

想成功，敬业是根本

一个人无论从事哪种职业，都必须敬业；一个人只有始终敬业不懈，才能在关键时刻抓住机遇，成就一番事业。

敬业是一种品德，是一种无需别人监督而能将工作做到最好的良好习惯，更是一种责任心的表现。敬业，实际上是职业对一个人工作素质的总体要求。敬业，不但体现着一个人的能力、才干，体现着一个人对社会、对集体、对家庭的责任感和奉献精神，还体现着一个人对人生的热爱、追求、积极的态度。因此，敬业既是检验一个人价值的重要标准，又是一个人实现自己人生价值的重要途径。

敬业是把使命感注入到自己的工作当中，敬重自己的职业，并从努力工作中找到人生的意义。从世俗的角度来说，敬业就是敬重自己的职业，将工作当成自己的事，专心致力于事业，千方百计将事情办好。其具体表现为忠于职守、尽职尽责、认真负责、一丝不苟、善始善终等职业道德。

比尔与弗兰克同时进入一家贸易公司工作，进入公司一年后，弗兰克的工资增加了一倍，而比尔的工资却没有什么变化，为此，比尔心生不满，愤愤不平地找到经理，问这究竟是为什么。

老板鲍斯对比尔说："你和弗兰克的工作态度有些不同，可能你还没有注意到这种差异，那么今天我让你看一看你们之间有什么不同。"他接着对比尔说："你到市场上去考察一下皮革的价格。"

比尔应老板的要求去市场考察一番，回来告诉老板现在市场上皮革的价格。

老板接着问:"市面上共有多少家销售皮革的贸易公司?"
比尔只好无奈地摇摇头,表示不知道。

老板对比尔说:"那么你就看看弗兰克是怎么做的,也许这样你会明白为什么你们的工资会有差别。"接着老板叫来弗兰克,并向他安排了同样的任务。

弗兰克从市场上回来后,不但向老板报告了皮革的价格,而且说市场上有3家做皮革生意的公司,以及皮革的市场潜力;为了让老板清楚地了解情况,他还以要与其合作的名义,将皮革质量最好的一家公司的负责人请过来,最后他还告诉老板,那位公司的负责人明天早上10点到公司。

老板对比尔说:"你看到弗兰克是怎么做了吧?这就是你们俩同时进公司但工资却不同的原因。"

世界上想做大事的人极多,愿把小事做细的人极少——而敬业的人工作之中无小事。

总而言之,敬业,要尊重自己的工作,在工作时要投入自己的全部身心,甚至把它当成自己的私事,无论怎么付出都心甘情愿,并且能够善始善终。如果一个人能这样对待工作,这便是他将来成就一番大业者不可或缺的重要条件。

一位成功学家在针对敬业的问题时曾这样说道:"敬业精神的最直接的表现是:干一行,爱一行,工作中一心一意,这样,才能在工作中脱颖而出。就商业来说,一个人所受的教育程度不是最关键的。最重要的素质是敬业精神。在最需要培养忠于职守的工作精神的时候,许多年轻人却被他们的父母送进了大学校园,让他们在象牙塔中度过了人生中最快乐浪漫的时光。不幸的是,当他们学有所成,正当创业之时,却因为缺少最起码的敬业精神而不能聚集精力投入工作,因而错过了许多成功的机遇。"

所以,我们要正确对待自己所负责的每一项工作,始终以一种认真负责的态度全身心地去做好它，即便在工作中出现各种意想不到的困难的时候，我们也应该鼓起勇气担负起这份责任，努力去解决它们，而绝不能选择逃避、推托。

要做到敬业、肩负责任，还要明确对待工作的态度，应付工作的结果不仅浪费企业资源，而且荒废自己的生命，所以对待工作要积极认真而不可随心所欲。即便是做一名"每天撞钟的和尚"，我们也应该将钟努力撞响，让钟声传到更遥远的地方。同时我们也深知，敬业说起来容易做起来难，因为能够敬业的人不仅要承受躯体的辛苦，还要能够承受压力和责任、坚持与忍耐带来的"心苦"，但真正敬业的人会将这种"心苦"缩小，将责任放大。

始终做到"不以责小而松懈，不以任重而自恃"、"居上不骄、为下不馁"，始终坚持这种"感恩、积极、认真、负责、协作、进取"的敬业精神的人一定会获得更多的信任与进步发展的机会，所以，学会敬业与负责本身也是对自己负责。

如何才能做到敬业？答案只有一个，就是承担应该承担的责任，全力以赴、尽善尽美地完成自己的本职工作。

工作就意味着责任。在这个世界上，没有不需要承担责任的工作，相反，职位越高，权力越大，肩负的责任就越重。

负责任、尽义务是成熟的标志。每个人都肩负着责任。不要认为承担责任仅仅只是对领导的承诺，它更是对自己的承诺。懂得承担责任，承担起责任，才能在工作中不找任何借口，全力以赴，认真对待每一件事，在定期内把工作顺利完成。

勇于承担责任，主动承担责任的最大敌人就是千方百计地寻找借口，相互推诿，为自己减轻责任。敬业和责任是每一个从事工作的人的必备素质，工作环境总会发生变化，当我们少些攀比，少些抱怨，多一份价值呈现，多一份身体力行，我们自己和公司都会赢得未来。

责任心会带来创富的机会

责任心会给你带来创富的机会。没有责任心,对任何事都漠不关心,是不会有机会让成功光顾你的。因为,责任感是简单而无价的。

据说美国前总统杜鲁门的桌子上摆着一个牌子,上面写着:Book of stop here(问题到此为止)。意思是说,面对任何问题,都想尽一切办法予以解决,而不推卸责任。如果在工作中对待每一件事都是"Book of stop here",可以肯定地说,这样的公司将让所有人为之震惊,这样的员工将赢得足够的尊敬和荣誉。

有一个替人割草打工的男孩打电话给布朗太太说:"您需不需要割草工人?"

布朗太太回答说:"谢谢,我已经不需要了,我有了割草工人。"

男孩又说:"我会帮您拔掉草丛中的杂草。"

布朗太太耐心地回答:"我的割草工已经做了。"

男孩又说:"我还会帮您把草与走道的四周割齐。"

布朗太太说:"我请的那人也已做了,谢谢你,我真的不需要新的割草工人。"

男孩便挂断了电话。此时男孩的室友问他说:"你不就是在布朗太太那里割草打工吗?为什么还要打这个电话?"

男孩说:"我只是想知道我究竟做得好不好!"

多问自己"我做得怎么样",这就是责任。

工作本身就意味着责任。在这个世界上,没有不须承担责任的工作,相反,你的职位越高、权力越大,你肩负的责任就越重。

不要害怕承担责任，要下定决心，你一定可以承担任何正常职业生涯中的责任，你一定可以比前人完成得更出色。在需要你承担重大责任的时候，你应马上去承担它，这就是最好的准备。如果不习惯这样去做，即使等到条件成熟，你也不可能承担起重大的责任，你也不可能做好任何重要的事情。

每个人的岗位不尽相同，所负责任有大小之别，但要把工作做得尽善尽美、精益求精，却离不开一个共同的因素，那就是具备强烈的事业心、责任感。有了责任心方能敬业，自觉把岗位职责、分内之事铭记于心，该做什么、怎么去做及早谋划、未雨绸缪；有了责任心方能尽职，一心扑在工作上，有没有人看到都一样，做到不因事大而难为、不因事小而不为、不因事多而忘为、不因事杂而错为。

一个人的工作态度在很大程度上能显示出他是否有担负更大责任的可能。

同时，一个人的工作态度也决定了他在事业上的成就。

所以，我们应该树立一种积极的工作观，以积极、认真的态度去对待自己的工作。只要你这么做了，你就会发现，你从这种观念中受益匪浅！

芬妮学医出身，从医3年，后来又因为一些个人原因学习了3年的酒店管理。1997年下半年她随丈夫杰克来到纽约，并在一家酒店谋得了很好的职位。一个很偶然的机会，她被老总特调到公司总部做秘书，这是一个她从未曾涉及过的工作领域，但是极强的责任心让她无法做一个工作上的逃兵，于是芬妮留了下来。

以往的经历和体验虽然使她做这项工作不至于出现什么大差错，但毕竟是一个陌生的领域，一时之间，她做起这份工作，的确很难得心应手。"秘书的一项基本的工作职责，就是安排好老板的各种差旅日程，因为曾经在酒店工作过的关系，对交通及住宿安排业务较为熟悉，这大大提高了我的工作效率，并避免了其间衔接的差错——这是经验带来的便利。"但是芬妮并没有因此而沾沾自喜，她利用一切可以利用的时间来学习有关秘书工作的一切事情，以弥补自己专业知识方面的欠缺。一年以后，她的顶头上司因为工作关系调往其他职位，他对总部提出的唯一要求就是：让芬妮继续当他的秘书。理所当然，芬妮的薪水也水涨船高，不是酒店工作可比的。

每个人都肩负着责任，对工作、对家庭、对亲人、对朋友，我们都有一定的责任，千万不要自以为是而忘记了自己的责任。对于这种人，巴顿将军的名言是："自以为了不起的人一文不值。遇到这种军官，我会马上调换他的职务。每个人都须心甘情愿为完成任务而献身。"

齐瓦勃出生在美国乡村，几乎没有受过什么像样的学校教育。一个偶然的机会，齐瓦勃来到钢铁大王卡内基所属的一个建筑工地打工。从踏进建筑工地的那一天起，齐瓦勃就抱定了要做同事中最优秀的人的决心。当其他人在抱怨活儿累、挣钱少而消极怠工的时候，齐瓦勃却很敬业，他独自热火朝天地干着，并在工作当中默默地积累着建筑经验，利用工作之余的时间自学着建筑知识。

一天晚上，工友们都在闲聊，唯独齐瓦勃一个人躲在角落里静静地看书。那天恰巧公司经理到工地检查工作，经理看了看齐瓦勃手中的书，又翻开他的笔记本，什么也没说就走了。

不久，齐瓦勃就被升任为技师，然后又凭着自己的努力一步步升到了总工程师的职位上。25岁那年，齐瓦勃当上了这家建筑公司的总经理。

卡内基的钢铁公司有一个天才的工程师兼合伙人琼斯，在筹建公司最大的布拉德钢铁厂时，他发现了齐瓦勃超人的工作热情和管理才能。当时身为总经理的齐瓦勃，每天都是最早来到建筑工地。当琼斯问齐瓦勃为什么总来这么早的时候,他回答说:"只有这样,当有什么急事的时候,才不至于被耽搁。"

工厂建好后,琼斯毫不犹豫地提拔齐瓦勃做了自己的副手,主管全厂事务。两年后,琼斯在一次事故中丧生,齐瓦勃便接任了厂长一职。几年后,齐瓦勃被卡内基任命为钢铁公司董事长。

后来,齐瓦勃自己终于建立了大型的伯利恒钢铁公司,并创下了非凡的业绩,真正完成了从一个普通的打工者到大企业家的成功飞跃。

尝试着去改变你曾经不负责任的工作态度吧,你的上司可能对此已经等待太久太久了。

每天精神饱满地迎接工作

每天精神饱满地去迎接工作的挑战,以最佳的精神状态去发挥自己才能的人,就能充分发掘自己的潜能。

车尔尼雪夫斯基曾经说过:"一个没有受到献身的热情所鼓舞的人,永远不会做出什么伟大的事情来。"饱满的工作激情是最重要的,它的价值甚至超过工作能力。精神状态是如何影响人们的工作进程呢?这还是一道有待研究的难题。但是,生活中、历史上已经给我们留下了足够的证据证明这一点。哪一场伟大的战争是被一群无精打采的士兵打赢的?哪一家伟大的公司是被一群无精打采的员工建设起来的?没有。只有士气高昂的士兵和积极进取的员工才能帮助团队赢得胜利。

一位微软的招聘官员曾对一个记者说:"从人力资源的角度讲,我们愿意招的'微软人',他首先应是一个非常有激情的人:对公司有激情、对技术有激情、对工作有激情。可能在一个具体的工作岗位上,你也会觉得奇怪,怎么会招这么一个人,他在这个行业涉猎不深,年纪也不大,但是他有激情,和他谈完之后,你会受到感染,愿意给他一次机会。"

微软公司无疑是当今软件行业的"霸主",它是一个由充满激情的员工组成的激情团队,它的现任 CEO 史蒂夫·鲍默尔就是一个激情四射的人。

鲍尔默刚到微软公司,既不懂管理,也不懂技术,但他的薪水却比公司董事长比尔·盖茨还要高。为什么?他有一种魔力,能用自己的激情之火点燃公司全体员工的激情,使每个人不知疲倦地工作,无论多苦多累也毫无怨言。

网上一度流传着这样一段"猴人"录像:在地动山摇的音乐声中,一个 6 英尺高、秃顶、大脑壳的男人跳上舞台,挥舞着手臂,上窜下跳,不时像猴子一样仰天长啸,"Woope,Woope"。台下掌声响应着台上那震耳欲聋的呼声,沸腾成一片。别误会,这位仁兄可不是脱口秀明星,他就是大名鼎鼎的史蒂夫·鲍尔默,微软 CEO。台下扭动着身躯、鼓掌叫好的正是微软的数万员工。40 秒种之后,他终于跳到讲台后,嘶哑着喉咙喊道:"我有四个字送给大家。"全场静了下来。"I…love…this…company!"又召来一阵狂热的呼声。"I love this company!"史蒂夫·鲍尔默逢会便以此开场。为表达对微软的热爱,他从不吝啬自己的能量。即使几年前因为在日本大叫"Windows"时喊坏了喉咙而不得不接受治疗,也丝毫未能降低他的音量。

会后,一位供职微软的年轻人在论坛上感慨:"我被我们的 CEO 鼓动得热血沸腾,那时候如果让我去为微软撞砖墙,我都会毫不犹豫。"虽然夸张,却道出史蒂夫·鲍尔默传播激情的功效。"我想让所有的人和我一起分享我对我们的产品与服务的激情,我想让所有的员工分享我对微软的激情。"

始终以最佳的精神状态工作不但可以提升工作业绩，还可以给公司带来许多意想不到的成果。因此，对一个团队来说，始终充满激情并能使其他人充满激情的人是最有价值的。

迈克是一个汽车行的经理，这家店是20家连锁店中的一个，生意相当兴隆，而且员工都热情高涨，对他们自己的工作感到骄傲。

但是迈克来此之前，情形并非如此，那时，员工们已经厌倦了这里的工作，甚至认为这里的工作枯燥至极，公司中有些人已打算辞职，可是迈克却用自己昂扬的精神状态感染了他们，让他们重新快乐地工作起来。

迈克每天第一个到达公司，微笑着向陆续到来的员工打招呼，把自己的工作一一排列在日程表上，他创立了与顾客联谊的员工讨论会，时常把自己的假期向后推迟。总之，他尽他一切的热情努力为公司工作。

在他的影响下，整个公司变得积极上进，业绩稳步上升，他的精神改变了周围的一切，老板因此决定把他的工作方式向其他连锁店推广。

以上事例足以说明工作激情的价值。但是，如何保持工作激情呢？是不是不分昼夜工作就等于充满了工作激情呢？并非如此。保持工作激情的最好办法莫过于劳逸结合，将自己的身体与精神调节到最佳状态。这是因为，一个疲惫的人或一个病弱的人，就像一支快要燃尽的蜡烛，无论它怎样努力燃烧，也只能散发微弱的热量。只有让自己身心流畅，才能满怀激情地工作。

著名心理学家约翰·戴莱尔发现：成功的人懂得把工作与休闲安排适当的比例，他们知道如何放松自己，也知道用何种方式把自己的精神状态调整成最佳。旧金山全美公司的董事长约翰·贝克每天坚持晨泳和晚泳，还经常抽空去滑雪、钓鱼以及打网球。联合化学公司的董事长约翰·康诺尔偏爱原地慢跑，一直保持着标准的体重。成功者都各自拥有休息和调节精神的方法。

上个世纪最伟大的物理学家有一个非常用功的助手，天资聪颖。一天，爱因斯坦早晨进实验室的时候，就看见他的助手在那里工作，中餐以后，看见他的助手还是专心致志地在做实验，晚饭后，他的助手仍然没有离开的意思。爱因斯坦感到很是不理解，就坐下来和他聊了会儿天。助手这时问道：以我的资质，需要努力多久才能成为一个著名的科学家呢？爱因斯坦说："以你对物理方面现在的了解，至少要10年。"助手一听10年太久，就说："如果我加倍努力，多久可以成为一个物理学者呢？"爱因斯坦说："20年。"助手一听还以为自己努力不够，就说："如果我夜以继日、一刻不停地做实验，不停地演算，多久能成为一流的物理学家呢？"爱因斯坦回答："如果这样的话，你只有死路一条，哪里还有成为一个物理学家的机会呢？"助手越听越糊涂，真有些丈二和尚摸不着头脑了。这时，爱因斯坦说："要想成为一个一流的学者，就必须留一只眼睛给自己。一个学者只知道整天做事，不知道反视自我，不断反省自我，不知道审视自己，那他就永远成不了一流的学者。"爱因斯坦不愧是一个伟大的学者，字字珠玑，让助手茅塞顿开。

现实生活中有很多人强迫自己无休止地工作，他们对工作沉迷上瘾，正如人们会对酒精沉迷上瘾一样。他们被称之为工作狂。他们拒绝休假，公文包里塞满了要办的公文。如果要让他们停下来休息片刻，他们也会认为纯粹是浪费时间。这些人都成功了吗？没有，他们中的很多人都没有成功，因为没有一个良好的精神状态，是做不出什么高效率的工作的。

有种人把全部精力都用在工作上，不敢浪费一分钟时间，力图把自己的时间、空间填得满满的，整日忙来忙去，似乎永远都有忙不完的工作。他们从来不去注意自己工作状态如何，也不关心自己工作时的精神，结果他们没有办法成为一个高效率工作的人。

因此，聪明人会寻找一种最适合自己的工作方式，通过一些低强度但又十分有效的形式使自己保持充沛的精力和敏锐的思维。一个真正懂得如何抓住机会的人总是会合理安排时间，注意有张有弛。他们注重各种形式的休息与调节精神，以保持旺盛的精力去应付各种艰巨的挑战。

敢做更要敢当

在与人相处中，自己做错了事，要敢于承认，勇于认错。豁达开朗的人，往往能赢得好感和尊重，别人也会因为你的坦诚而更愿意与你交往。

田丽是美丽可人的女孩，刚从分部调进深圳总公司时，大家如众星捧月一样围着她，不论男同事还是女同事都非常喜欢她。可是不久以后，大家就发现了田丽不可爱的一面。有一次公司的一个女同事花了3个多小时录入了一份资料，可是在她出去喝杯咖啡的时间里，那份没存档的资料就消失了。资料当然不会无缘无故消失，唯一的可能就是有人动了她的电脑，会是谁呢？这位女同事很和气地问了几遍，但始终没人承认。后来公司的一个文员告诉大家，她看见田丽曾按了一下回车键，这件事使大家对田丽的好印象消减了很多，一个敢做不敢当的人实在让人不敢恭维。不久后，又发生了另外一件事。田丽所在的A组接受了一项工作，为一个大型百货公司的促销活动提供服务，也就是说从市场调查一直到策划都要做好。10天后，

三分靠机会，七分靠打拼

A小组完成了全部工作，但后来却发现橱窗设计有问题，这给百货公司带来了损失，A小组成员一个个忐忑不安，准备接受公司的处罚。这个时候大家本来应该风雨同舟，没想到检讨会一开始，田丽就抢先发言说这件事和她没关系，她当时没对橱窗设计提出过什么意见，对这个错误不负有责任。但实际上大家都很清楚，橱窗设计方案田丽从头至尾都参加了。公司领导没有太过严厉地批评大家，只希望大家吸取教训，几个主要领导都对田丽推脱责任的做法感到不满。同事们就更不用说了，大家都疏远了田丽，几个刻薄的同事还时不时对她冷嘲热讽。不久，田丽就主动辞职了。

田丽不敢承担责任，敢做不敢当的行为，受到了大家的鄙弃，结果她失去了大家的好感，也失去了一份得之不易的工作。其实一个人即使再聪明、再缜密，也会有出错的时候，只要你勇敢地承认错误，一定会取得别人的谅解，一个肯负责任的人，大家才会信任他、喜欢他！

做人光明磊落，敢做敢当，就会受到同事的敬仰和信赖，获得好人缘。诚实地承认错误要冒不被谅解的风险，但推卸责任却要冒被人轻视的风险。更重要的是，承认了错误你还有补过的机会，但敢做不敢当却会使你失去重新来过的机会。

知错敢于认错，还要以实际行动改错。战国时赵国的蔺相如在经过"完璧归赵"和"渑池之会"两件事后，因其功高而居廉颇之上，廉颇不服，扬言见蔺相如要羞辱之。

而蔺相如则退避三舍，不与之相争，舍人不解，蔺相如于是解释说这全是为了赵国的国家利益，将相不和则国家不安，廉颇闻此言才觉得自己大错，错在自己置国家安危于不顾，以一己私利争名夺利。

战场上的廉颇是员勇将，在纠正错误上更是不含糊，真可谓"强力纠错"，立即负荆请罪，去蔺相如府邸谢罪认错，从此将相和好,赵国也暂保无事。

倘使当初廉颇知错不认错,一味纠缠,则赵国将国无宁日;认错而改错,则更让人觉得廉颇了不起。

关键时刻,需要你挺身而出

常言道:"疾风知劲草,烈火见真金。"在关键时刻,上司才会真切地认识与了解下属。当某项工作陷入困境时,你若能挺身而出,定会让上司格外器重你,给予你更多的机会。

人非圣贤,孰能无过。领导者既然是人不是神,决策就必然有失误之时。在他决策失误的时候,显然他最需要人的理解和支持,而这个时候你支持了他,你们的关系就可以上升到一个新的层次。

实际上,上级与下属的关系是十分微妙的,它既可以是领导与部下的关系,也可以是朋友关系。诚然,领导与部下身份不同,是有距离的,但身份不同的人,在心理上却不一定有隔阂。一旦你与上级的关系发展到知己这个层次,较之于同僚,你就获得了很大的心理优势。你也可能因此而得到上级的特别关怀与支持,甚至你们之间可以无话不谈。至此,是否可以预言,你的晋升之日已经为期不远了。

某公司部门经理于雷由于办事不力,受到公司总经理的指责,并扣发了他们部门所有职员的奖金。这样一来,大家很有怨气,认为于经理办事失当,造成的责任却由大家来承担,一时间怨气冲天,于经理处境非常困难。这时秘书刘彦站出来对大家说:"其实于经理在受到批评的时候还为大家据理力争,要求总经理只处分他自己而不要扣大家的奖金。"听到这些,

三分靠机会，七分靠打拼

大家对于经理的气消了一半儿，小刘接着说："于经理从总经理那里回来时很难过，表示下个月一定想办法补回奖金，把大家的损失通过别的方法弥补回来。其实这次失误除于经理的责任外，我们大家也有责任。请大家体谅于经理的处境，齐心协力，把公司业务搞好。"小刘的调解工作获得了很大的成功。按说这并不是秘书职权之内的事，但小刘的做法却使于经理如释重负，心情豁然开朗。接着于经理又推出了自己的方案，进一步激发了大家的热情，很快纠纷得到了圆满的解决。小刘在这个过程中的作用是不小的，于经理当然感激在心。可见，善于为别人排忧解难，对于更好地工作的确是有利的。

在日常工作交往中，很可能会出现这样的情况，某件事情明明是上一级领导耽误了或处理不当，可在追究责任时，上面却指责自己没有及时汇报，或汇报不准确。这时就应该有个妥善的方式去处理。

某机关下达了一个关于质量检查的通知，要求有关部门届时提供必要的材料，准备汇报，并安排必要的下厂检查。某市轻工局收到这份通知后，照例是先经过局办公室主任的手，再送交有关局长处理。这位局办公室主任看到此事比较急，当日便把通知送往主管的某局长办公室。当时，这位局长正在接电话，看见主任进来后，只是用眼睛示意一下，让他放在桌上即可。于是，主任照办了。然而，就在检查小组即将到来的前一天，部里来电话告知到达日期，请安排住宿时，这位主管局长才记起此事。他气冲冲地把办公室主任叫来，一顿呵斥，批评他耽误了事。在这种情况下，这位主任深知自己并没有耽误事，真正耽误事情的正是这位主管局长自己，可他并没有反驳，而是老老实实地接受批评。事过之后，他又立即到局长办公室里找出那份通知，连夜加班加点、打电话、催数字，很快地把所需要的材料准备齐整。这样，局长也愈发看重这位忍辱负重的好主任了。

主任明明知道这件事不是他的责任,而他却挺身而出,闷着头承担这个罪名,背这个"黑锅"。很重要的一点就在于,这位主任知道,必要的时候必须为领导背黑锅。这样,尽管眼下自己会受到一点损失,挨几句批评,但到头来,不仅有利于事情的解决,而且避免了各种矛盾的解决,况且对自己未来的发展也并非坏事,事实上证明他的做法和想法是正确的。因此,关键时刻挺身而出,实际上也是给了自己一个机会。

第十章
成功路上,需要执著

如果正视困难,自主选择适合于自己的解决之道,用积极的心态每天来鼓励一下自己,并坚定地走自己的路,执著追求,就能充分调动起一切隐藏的潜力,那么,我们都可以在解决困难中获得自己意想不到的机会,你越是往前,你的机会就越多。

机会不是上天掉的"馅饼"

　　主动出击就是为了给自己增加机会。社会、企业只能给你提供道具，而舞台需要自己搭建，演出需要自己排练，能演出什么精彩的节目，有什么样的收视率，决定权在你自己。

　　在竞争异常激烈的时代，在经济危机波及全球的今天，上天更不可能给你安排成功的机会，只有主动才可以占据优势地位，被动只能等着挨打。同样，我们的事业、我们的人生也不是上天安排的，是主动争取的。

　　有一个虔诚的基督徒在公司裁员时失业了，于是整天在家长吁短叹，埋怨公司不识英才，并虔诚祈祷，请求上帝降恩赐给他一份工作。但一晃半个月过去了，上帝似乎没有应许他。天使不忍便问上帝："此人如此虔诚，为何你却不帮助他呢？"上帝回答："我已在他所在社区的每一个机构、工厂、商店都为他预备了一个工作位置，但他从来没有向这些机构递交一个申请，而是在家里等待我赐给他工作，他不走出家门，我怎么帮助他呢？"

　　在我们身边，也会有些人自认为非常能干，感慨公司、上司没有给自己发展的机会。我们不妨从另外一个角度去想，真是公司和上司没有给你这样的机会呢？还是自己并没有真正行动起来错失良机呢？再有满腹经纶，如果不把才能展示给领导，领导又凭什么来发现和认可你的能力呢？再伟大的梦想、再精确的计划，如果不迈开你的步子去行动，就永远只是梦想和计划而已。一味抱怨自己怀才不遇，坐等上司来挖掘自己，是永远也等不来的，要把才能展示出来，就要自己主动争取机会，并善于抓住和把握各种表现机会，把自己的才能展示给上司，

三分靠机会，七分靠打拼

上司才能对你的能力做出评判。

所以，建议那些自认为怀才不遇者，首先要有真才实学，并切切实实在工作中体现出来，这样机会才会眷顾你；其次是要善于抓住并把握机会，平时多争取机会表现自己，有明确的目标并朝着目标努力，加强学习，不断进步，为获得重要发展机会做好充分准备，这样一旦机会降临才能把握住；最后，也是最重要的一点，要将自己的才能表现出来，提高自己的操作能力和执行能力，将自己的设想变成现实，凭成绩来证明你的实力，从而获得和抓住重大发展机会并获得成功。

岁月流沙，我所经历过的一切也告诉我：天上不会掉馅饼，机会难得，需要自己去把握，更需要自己去创造，正如命运不是上天安排好的，而要靠自己去打拼。在这个竞争日趋激烈的时代，机会不等人，错过了就不会再有，只有细心发现，全力争取，才会成功。

抓机会、做工作有时候就像谈恋爱。谈恋爱的时候，你只有主动出击，才能够虏获芳心。抓机会、做工作又何尝不是这样呢？你只有主动出击，才有可能找到属于自己的机会，实现自己的梦想，否则和守株待兔有什么区别呢？

要随时准备把握机会，展现超乎他人要求的工作表现，以及拥有"为了完成任务，必要时不惜打破常规"的智慧和判断力。知道自己工作的意义和责任，并永远保持一种自动自发的工作态度，为自己的行为负责，是那些成功人士和不成功人士的最根本区别。

只要我们主动出击，机会遍地都是。要想做一个优秀的人，一定要培养自己主动出击的心态，不能够守株待兔，要敢于去抓奔跑的兔子，要知道，兔子是不会自己送上门的，同样，机会也不会自己找上门来。

现实生活中，有些人等待机会，追求成功，人生并不是每次尝试都能如愿。当遇到困难的时候就会掉头而回,不能持之以恒,就很难跨过失败的门槛步入成功的航线。

有的人在风风雨雨的日子,心情沉重地往前走,踩着道路的泥泞,只有走过的人,才能真正体会到其中的含义。坎坷的道路上,步步消耗,要知道平坦的路上是不会留下清晰的痕迹。

磨难可以给人带来成长,教人学会面对跟接受,什么样的环境适应什么样的人群,可是转折,有时候给人带来喜悦,但有时候也会给人带来忧虑。

人的精力是有限的,人的要求是没有止境的,只能够不断地充实自己,要步入更高的人生境界,还需恰当地运用自己的能力,当你回首走过的路时,总会有自己烙下的脚印。

在人生的过程中,很多人都是在等待机会,当机会来临的时候不一定知道把握,白白地错过了。机会不是常有的,有些人想要,却没有得到垂青;机会不是上天安排的,而是自己把握的。命运的主宰属于自己。

执著追求,坚持就是胜利

坚持就是胜利。其实成功者与不成功者之间有时距离很短——只要后者再向前几步即可。

美国推销员协会曾经对推销员的拜访做了长期的调查研究,结果发现:48%的推销员,在第一次拜访遭遇挫折之后,就退缩了;25%的推销员,在第二次遭受挫折之后,也退却了;12%的推销员,在第三次拜访遭到挫折之后,也放弃了;5%的推销员,在第四次拜访碰到挫折之后,也打退堂鼓了;只剩下10%的推销员锲而不舍,毫不气馁,继续拜访下去。结果80%

推销成功的个案，都是这 10% 的推销员连续拜访 5 次以上所达成的。

　　一般推销员效率不佳，多半由于一种共同的毛病，就是惧怕客户的拒绝，心里虽想推销却又裹足不前，所以纵有满腹知识与技巧也无从发挥。真正的推销家则有顽强的耐心、"精诚所至、金石为开"的态度，视拒绝为常事，且不影响自身的情绪。

　　在美国，有一位穷困潦倒的年轻人，即使在身上全部的钱加起来都不够买一件像样的西服的时候，仍全心全意地坚持着自己心中的梦想，他想做演员，拍电影，当明星。

　　当时，好莱坞共有 500 家电影公司，他逐一数过，并且不止一遍。后来，他又根据自己认真划定的路线与排列好的名单顺序，带着自己写好的量身订做的剧本前去拜访。但第一遍下来，所有的 500 家电影公司没有一家愿意聘用他。

　　面对百分之百的拒绝，这位年轻人没有灰心，从最后一家被拒绝的电影公司出来之后，他又从第一家开始，继续他的第二轮拜访与自我推荐。

　　在第二轮的拜访中，500 家电影公司依然拒绝了他。

　　第三轮的拜访结果仍与第二轮相同。这位年轻人咬牙开始他的第四轮拜访，当拜访完第 349 家后，第 350 家电影公司的老板破天荒地答应愿意让他留下剧本先看一看。

　　几天后，年轻人获得通知，请他前去详细商谈。

　　就在这次商谈中，这家公司决定投资开拍这部电影，并请这位年轻人担任自己所写剧本中的男主角。

　　这部电影名叫《洛奇》。

　　这位年轻人的名字就叫席维斯·史泰龙。现在翻开电影史，这部叫《洛奇》的电影与这个日后红遍全世界的巨星皆榜上有名。

　　一位年轻人毕业后被分配到一个海上油田钻井队。在海上工作的第一天，带班的班长要求他在限定的时间内登上几十米高的钻井架,把一个包装好的漂亮盒子送到最顶层的主管手里。他拿着盒子快步登上了高高的狭窄的舷梯,气喘吁吁、满头是汗地登上顶层,把盒子交给主管。主管却只在上面签下自己的名字,就让他送回去。他又快跑下舷梯,把盒子交给班长,班长也同样在上面签下自己的名字,让他再送给主管。

他看了看班长,犹豫了一下,又转身登上舷梯。当他第二次登上顶层把盒子交给主管时,浑身是汗,两腿发颤。主管却和上次一样,在盒子上签下自己的名字,让他把盒子再送回去。他擦擦脸上的汗水,转身走向舷梯,把盒子送下来,班长签完字,让他再送上去。这时他有些愤怒了,他看看班长平静的脸,尽力忍着不发作,又拿起盒子艰难地一个台阶一个台阶地往上爬。当他上到最顶层时,浑身上下都湿透了,他第三次把盒子递给主管,主管看着他,傲慢地说:"把盒子打开。"他撕开外面的包装纸,打开盒子,里面是两个玻璃杯,一罐咖啡,一罐咖啡伴侣。他愤怒地抬起头,双眼喷着怒火,射向主管。

主管又对他说:"把咖啡冲上。"年轻人再也忍不住了,"叭"地一下把盒子扔在地上:"我不干了!"说完,他看看倒在地上的盒子,感到心里痛快了许多,刚才的愤怒全释放了出来。这时,这位傲慢的主管站起身来,直视他说:"年轻人,刚才让你做的这些,叫做承受极限训练,因为我们在海上作业,随时会遇到危险,这就要求队员身上一定要有极强的承受能力,承受各种危险的考验,才能完成海上作业任务。可惜,前面3次你都通过了,只差最后一点点,你没有喝到自己冲的甜咖啡。现在,你可以走了。"

成功与失败往往只是一步之差,如果多坚持一秒钟,就会向成功多迈一步,有时这一步就决定了你的成功与否。遗憾的是,很多人往往是在最后一秒钟的时候放弃了。这一点也是许多人成功的一个重要原因。

-161-

运筹帷幄，进退结合

　　我们可以反观进退之道是一种在不得已的情况下，解决问题的最稳妥的办法。也许，对于那些有头脑的人来说，暂时的退是为了获取下一次更猛烈进攻的机会。

　　进退之学，历来为人重视，其隐含着做人办事之道。我们知道，人生中总有迫不得已的时候，该怎么办呢？大凡人在初创崛起之时，不可无勇，不可以求平、求稳，而在成功得势的时候才可以求淡、求平、求退。这也是人生进退的一种成功哲学。

　　后撤是一门做人的哲学。

　　为什么要后撤，因为再往前面冲，就可能遭遇大麻烦，甚至大危险。换句话，也许退一步是为了更好地前进一步，这个道理，人人皆知，但有许多人就是做不到后撤一步，总是想向前逼进，结果适得其反。在做人之智中，后撤哲学令人深思、反复玩味。

　　在进退之间明白人生道理。

　　早在安庆战役后，曾国藩部将即有劝进之说，而胡林翼、左宗棠都属于劝进派。劝进最力的是王闿运、郭嵩焘、李元度。当安庆攻克后，湘军将领欲以盛筵相贺，但曾国藩不许，只准各贺一联，于是李元度第一个撰成，其联为："王侯无种，帝王有真。"曾国藩见后立即将其撕毁，并斥责了李元度。在《曾国藩日记》中也有多处戒勉李元度慎审的记载，虽不明记，但大体也是这件事。曾国藩死后，李元度曾哭之，并赋诗一首，其中有"雷霆与雨露，一例是春风"这一句，潜台词仍是这件事。

在进退关系上，曾国藩把握得极好，他不愿只做一个只知进而不知退的人，因为他相信这样一句话："退身可安身，进身可危身。"

不善进退者，自然是败者。我们知道过于急进者，常会自以为聪明至极，从而在某一天突然遭到大败。因此进是基于摸准对方心理的行为，只有摸准对方，才能进行有效的行动，这是人际交往的基本道理。有头脑的人在这方面做得很出色，即摸透对手的弱点，以退为进，把"退功"发挥得淋漓尽致。

知己知彼，方能百战百胜

做人办事必须有攻守转换之计，即通过"知己知彼"的方法，抓住各种机会取得"百战不殆"的效果。

《兵法·谋攻篇》说："知己知彼，百战不殆；不知彼而知己，一胜一负；不知彼，不知己，每战必殆。"既了解敌人又了解自己，百战都不会失败；不了解敌人而只了解自己，胜败的可能各半；既不了解敌人，又不了解自己，必然每战必败。

只要做到"知己知彼"，就会做到百战无不利。《三国演义》中的锦囊妙计正说明了这个问题。赤壁之战，孙、刘联合抗曹，大破曹军，暂时解除了北方的威胁。之后，孙、刘之间开始了荆州的争夺。当时，刘备中年丧偶，失去了甘夫人。周瑜得知这一消息，便向孙权献上一计，派人前往荆州为刘备说媒，假意将孙权之妹嫁给刘备，然后骗刘备至东吴招亲，扣为人质，逼还荆州。孙权派吕范前往提亲，刘备"怀疑未决"。但诸葛亮胸有成竹，料知东吴之谋，让刘备答允这门亲事，而且会使"吴侯之妹，属于公；荆州又万无一失"。然后，诸葛亮坐镇荆州，

三分靠机会，七分靠打拼

令勇将赵云带 500 兵士，保驾刘备去成亲。临行前，诸葛亮授予赵云 3 个锦囊，并嘱咐赵云按囊中"三条妙计，依次而行"。赵云牢记军师嘱咐，依锦囊所授之计而行，使刘备东吴之行化险为夷，顺利招亲，得了"佳偶"，而且安全返回荆州，使孙权、周瑜落得个"赔了夫人又折兵"的结局。

人们佩服诸葛亮料敌如神，计谋高超绝伦。其实，诸葛亮是在完全了解吴国君臣的心计的情况下订立的妙计。由此可见，在兵法上强调"知己知彼"，在做人办事时同样如此——只有知道别人想什么，才能知道自己干什么。

善为事者，时时心中有数，绝不在没有算计的情况下随意出手，否则就叫乱出手。当然，一个人善于抓住时机，见机而进，固然是英雄本色，但激流勇退，能见好就收，适可而止，也是智者之举。这一切都取决于心中之数。适可而止，就是在竞争事业中，时刻注意和自身利益相统一的数量界线，绝不超过度，绝不使事情发展到反面。同样，为人处世都有一个保持质的数理界限，也就是度。超过或者不及，都会使事物的性质发生变化。度的存在，要求我们无论做何种事情，都应有个度量分析，做到"胸中有数"，方可攻守转换。

就心力高低的区别而言，不在能不能做什么事，而在能否做应该做的事。不该做的事，你做了，即使很巧妙，也只能证明你心力低下；不该做的事，坚决不做，即使显得无所作为，也是心力高超。唯有在纷繁复杂的事变面前，清楚地知道应该做的事和不应该做的事，并相应调整自己的行为，方为智者。荀况曾说过："知所为知所不为，则天地官而万物役也。"老子也说过："无为而无不为"。生活中常常有这样的事，无所作为，就是最大的作为！

攻守转换之计体现在一个"度"字上，不可过急过缓，要掌握既求渐进，又求激进的奥妙。处理好"攻"与"守"的关系,需要高明的攻守转换的手段。攻守转换,就是使不符合自己意愿的事物或定式按自己设定的模式和方向运行;攻守转换,是一种强力意志的贯彻,是摧毁之后的重建;攻守转换,是一种武功,也是一种文治。因此,实施操纵此计必须讲求策略,在激进中渐进。

在为人处世的过程中,如何才能让人心服口服呢?其绝招何在?不同的人有不同的答案,但有一点是可以肯定的,就是必须要有解决问题的眼光和能力,把攻守转换发挥到淋漓尽致的程度,让可用的人真心产生佩服感。

感谢挫折,它让你愈挫愈勇

挫折会使人受到打击,给人带来损失和痛苦,但挫折也可能给人激励,让人警觉、奋起、成熟,把人锻炼得更加坚强。

挫折既能折磨人,也能考验人、教育人,使人学到许多终生受益的东西。德国诗人歌德说:"挫折是通往真理的桥梁。"挫折面前没有救世主,只有自己才是命运的主人。只要我们把命运牢牢地掌握在自己手中,就会历经挫折而更加成熟和坚强,从而更有信心去获取成功的机会。

有人把挫折比做一块锋利的磨刀石,我们的生命只有经历了它的打磨,才能闪耀出夺目的光芒。"不经历风雨,怎能见彩虹?"经历了挫折的成长更有意义,挫折其实是一笔财富。多少次艰辛的求索,多少次噙泪的跌倒与爬起,都如同花开花落一般,为我们今后的人生道路作了铺垫。成长的过程好比在沙滩上行走,一排排歪歪曲曲的脚印,记录着我们成长的足迹,只有经受了挫折,我们的双腿才会更加有力,人生的足迹才能更加坚实。

既然挫折一定会不期而至,我们应该以怎样的平常心来面对呢?

博恩·崔西所著的《胜利》一书中,讲述了一个关于丘吉尔的故事。

1941年,英国正处于第二次世界大战中最阴暗的日子,有人要求温斯顿·丘吉尔向德国求和,但是被他拒绝了。当时,丘吉尔正面临着德国在欧洲的压倒性的军事优势,而美国又明确表示不会再卷入欧洲地面战争。为什么丘吉尔拒绝寻求达成某种和平协议,以结束战争呢?

丘吉尔说:"肯定会出现某种状况,把美国卷入战争,这样就可以使战争急转直下。"

有人问他为什么那么自信地认为肯定会出现那样的状况,他回答说:"因为我研究过历史,历史告诉我,如果你坚持的时间长,就肯定会出现转机。"

我们今天所面对的绝大多数挫折和丘吉尔在第二次世界大战中所面临的巨大挑战相比根本无足轻重。关键是看你能不能以平常心来看待,并且坚信能够等到转机的出现。

这是一个普遍的现象:即便是成功者和大人物,他们事业的开头也往往是以挫折和失败为开场白的,而且即便日后获得了成功,还会经常碰到挫折,这一点与一般人对功成名就的成功者的理解并不相同。即便像美国总统林肯那样伟大的人,虽然最后赢得了整个战争的胜利,但是在南北战争的第一仗中也面临惨败。而且,当林肯在总统任上发表了著名的、具有划时代意义的《解放宣言》的时候,这个事实上是如此英明和伟大的宣言,却在当时激起了整个美国社会的剧烈反应,攻击者不但来自他的政敌,甚至还出现在他的支持者中,骚乱不时在各地蔓延。然而,为了让世人看清他是一个怎样的领袖,林肯绝不屈服。面对日复一日巨大的挫折和压力,林肯以他的坚忍不拔,证明了他想要证明的一切。

在挫折面前,我们最先需要的就是平常心。不要浪费时间去为已经无法改变的事情担忧,因为忧愁对事情毫无帮助。分析眼前的情况并寻求解决的办法更加重要。而且任何事情都不是一成不变的,而是随着时间的推移在不断地发生变化,明白这一点,你就会乐观起来。

不妨尝试按照下面叙述的过程,去从容地应付每一次失败、每一个挫折。

首先,要卸掉思想的包袱。一个人无法永远控制情势,但是,可以选择面对困境的态度。不管你做得有多么的糟糕,都要知道挫折是任何人都无法避免的,这个认识有助于你正确地去理解和面对挫折。

很多人往往自己先把自己的精神给压垮了,想像中的问题永远比真实存在的问题严重得多。良好的心态是解决一切问题最重要的前提,有什么样的思想,就会有什么样的行为。而积极的心态和认识正是积极的行为的前提。

其次,要重视挫折,及时总结经验,想出更好的改进办法。知道下一次怎么样可以做得更好一点,然后把这个教训牢牢地记在心中,并且永远不要在同一个地方摔倒两次。教训是挫折所能给人的最大的教益,或者说,经验也正是由之积累而来。如果必要的话,你还要把这个教训用一个专门的本子记下来,并时常温习,因为人是很容易"好了伤疤忘了疼"的。只要你耐心地去总结,不断地去找出改进的方法,你就会变得越来越成熟,越来越聪明,越来越有经验,而且越来越少地犯不必要的错误。毛主席曾经说过,他的一辈子就是靠不断地总结经验来吃饭的。

再次,要勇敢地去承担后果,同时,还要原谅自己。新的机会每天都在出现，但是，没有什么比背着沉重的精神包袱更能伤害一个人的健康和意志了，而一个人如果不能勇敢地面对问题，也就无法原谅自己，就永远活在了过去，而无法去面对明天和未来。比起昨天的挫折和失败，更加重要的是接下来你的所作所为，因为这才决定明天你会收获什么。

接下来用最快的速度行动起来，全力以赴地去做下一件事。行动，是摆脱沮丧最好的办法。哪怕是最微不足道的行动都是治疗心理创伤最好的办法，情绪无法被理智说服，但却往往被行动改变，这是人类最奇妙的现象之一。即便你只是收拾了一下家务，做了一顿美味的饭菜，出去散散步，在大自然中运动了一会儿，都会使你的状况和心情有所改观，而这份小小的成就感，可以重新帮助你找回自信。

同时要相信时间会帮你的忙。看看是否还有办法去补救或挽回，如果面对的是一时无法改变的局面，如丘吉尔一般地去忍耐和等待，并相信时间一定会帮你的忙。

感谢失败，它让你重新崛起

美国考皮尔公司前总裁 F·比伦曾经提出过一个观点：若是你在一年中不曾有过失败的记载，你就未曾勇于尝试各种应该把握的机会。

在人的一生中，机会无处不在，但机会又是稍纵即逝的，不可能在做好所有的准备后再去把握。这就要求我们有一种试错精神。即使最后证明自己错了，也不会后悔。因为你把握了机会，而且至少知道了你先前把握机会的方式是行不通的。人们常说的失败是成功之母，失败是一笔财富，含义也大致在此。

在宝洁公司流传着这样一个规定：如果员工3个月没有犯错误，就会被视为不合格员工。对此，宝洁公司全球董事长白波先生的解释是：那说明他什么也没干。

美国管理学家彼得·杜拉克认为，无论是谁，做什么工作，都是在尝试错误中学会的，经历的错误越多，人越能进步，这是因为他能从中学到许多经验。杜拉克甚至认为，没有犯过错误的人，绝不能将他升为主管。日本企业家本田先生也说："很多人都梦想成功。可是我认为，只有经过反复的失败和反思，才会达到成功。实际上，成功只代表你的努力的1%，它只能是另外99%的被称为失败的东西的结晶。"

在巴塞罗那有一家著名的造船厂，该厂已经有1000多年的历史。这个造船厂从建厂的那一天开始就立了一个规矩，所有从造船厂出去的船舶都要造一个小模型留在厂里，并把这只船出厂后的命运刻在模型上。厂里有房间专门用来陈列船舶模型。因为历史悠久，所造船舶的数量不断增加，所以陈列室也逐步扩大，从最初的一间小房子变成了现在造船厂里最宏伟的建筑，里面陈列着将近10万只船舶的模型。

所有走进这个陈列馆的人都会被那些船舶模型所震慑，不是因为船舶模型造型的精致和千姿百态，不是因为感叹造船厂悠久的历史和对于西班牙航海业的卓越贡献，而是因为每一个船舶模型上面雕刻的文字！

有一只名字叫西班牙公主号的船舶模型上雕刻的文字是这样的：本船共计航海50年，其中11次遭遇冰川，有6次遭海盗抢掠，有9次与另外的船舶相撞，有21次发生故障抛锚搁浅。每一个模型上都是这样的文字，详细记录着该船经历的风风雨雨。在陈列馆最里面的一面墙上，是对上千年来造船厂的所有出厂的船舶的概述：造船厂出厂的近10万只船舶当中，有

6000只在大海中沉没,有9000只因为受伤严重不能再进行修复航行,有6万只船舶都遭遇过20次以上的大灾难,没有一只船从下海那一天开始没有过受伤的经历。

所有船舶,无论多么精美,无论多么先进,无论多大用途,也无论去哪里,只要到大海里航行,就会受伤,就会遭遇灾难。理由很简单:没有不受伤的船。船的一生如此,人生何尝不是如此!

但如何对待受伤,如何对待失败,才是成功的关键。是怨天尤人,还是默默奋斗;是自暴自弃,还是卧薪尝胆;是一蹶不振,还是孜孜以求,态度将决定是否成功。但有一点,你必须记下每一次失败,才能在不断的总结失败的基础上走向成功。

如果因为遭遇了磨难而怨天尤人,如果因为遭遇了挫折而自暴自弃,如果因为面临逆境而放弃了追求,如果因为受了伤害就一蹶不振,那你就大错特错了。人生也是这样的,只要你有追求,只要你去做事,就不会一帆风顺。

我们的人生,就像大海里的船舶,只要不停止地航行,就会遭遇风险,没有风平浪静的海洋,没有不受伤的船。

当代社会的特点就是:危机、多变、机遇并存。它无处不在,是一种正常形态,将贯串整个世纪。危机也是一种"机",它是危急之中的机遇,它是一种强制之下的选择。

危机彻底打破人在选择方面的思维惰性,迫使人们进行新的选择和创造。但是,危机之中的选择极其艰难,它对处于危机中的人的能量是一次全面的检验,是对个人能量积累的一次严酷的索取。

《大话西游》中有句话说得特别有意思:"曾经有个机遇摆在我的面前,我没有好好把握,如果有来生……"爱情需要机遇,人生也需要机遇,想要成就一番事业,让生命辉煌,的确需要机遇。生活中有太多的人抱怨自己没有交好运,总是没有机会。其实并不是在他们生命中没有出现机遇,而是当机遇出现时,他们没有好好把握。机会就像水里游的鱼,你不要拿着钓鱼竿在那里等它们主动上钩,而要积极地去观察,去捕捉。

在一个画室里,有一个青年站在众神的雕像面前。他指着一尊塑像好奇地问道:"这个叫什么名字?"那尊塑像的脸皮被头发遮住了,在它的脚上还有一对翅膀。雕塑家回答:"机会之神。""那为什么把它的脸藏起来呢?"青年人又问道。"因为在它走近人们的时候,人们却很少能够看到它。""那为什么它的脚上还生着翅膀呢?"青年人又追问道。"因为它很快就会飞走,一旦飞走了,人们就再也不会看到它了。"

这生动而形象的描绘,阐明了这样的一个朴素而深刻的道理;机不可失,时不再来。有人说过:"机会是时间之流中最好的一刹那。"机遇偏爱有准备的大脑,机遇来的时候像闪电一样短促,全靠你不假思索的利用。

有个老牧师,四十多年来一直生活在一个山谷里,他照管着教区所有的人,施行洗礼,举办葬礼,抚慰病人和孤寡老人,是一个典型的圣人。有一天,天下起了大雨,倾盆大雨连续不停地下了近一个月,水位高涨,迫使老牧师爬上了教堂的屋顶。正当他在那里浑身颤抖时,突然有人划船过来,对他说:"神父,快上来,我把你带到高地去,"牧师看了他一眼,回答说:"四十多年来,我一直照着上帝的旨意做事,我施行洗礼,抚慰病人和孤寡老人。我一年只有一个星期的假期,而在这一个星期的假期当中,你知道我去干什么了吗?我去了一个孤儿院帮人做饭。我真诚地相信上帝,因为我是上帝的仆人,因此,你可以驾船离开,我将留在这里,上帝会救我的。"那人只好划船离开了。不久,又有人划着船过来救老牧师,但还是让他谢绝了。

三分靠机会，七分靠打拼

两天以后，水位已经涨得很高，许多人都划船离开了。不久，又有人划着船过来要救老牧师，但他还是拒绝离开。又过了几天，水位涨得更高，再不离开，就将有生命危险，老牧师紧紧地抱着教堂的塔顶，水在他们的周围打着转儿。这时一架直升飞机来了，飞行员对他喊道："神父，快点，我放下吊架，你把吊架带在身上安好，我们将把你带到安全地带。"对此，老牧师回答说："不，不。"他又一次讲述了他一生的工作和他对上帝的信仰。这样直升飞机也离去了。几个小时后老牧师被水冲走了，淹死了。

老牧师死后来到了天堂，见到了上帝。上帝惊讶地看着他说道："神父，你怎么会来到这里，多令人惊奇啊！"老牧师凝视着上帝说："惊奇吧，四十多年来，我一直遵照你的旨意做事，有过之无不及，而当我最需要你的时候，你却让我被水淹死了。"上帝望着他，迷惑不解地问："你被淹死的？我不相信，我给你派去了两条船和一架直升飞机。"

事实上，在我们短暂的一生中，类似于船与直升飞机的机遇一直存在着，我们需要的只是准确地认识他们，当我们确立了人生目标，真正要做的就是抓住机遇。小的机遇往往是伟大工业的开始，那些我们熟视无睹的事情，看似偶然，可能就蕴藏着真正的机遇。

人生其实就像一场戏，只不过导演是我们自己；人生其实就像一个游戏，只不过不能游戏人生；人生其实就像一把琴，只不过只有精心弹奏才会有优美的乐声；人生其实就像一个蜡烛，只不过是逐渐支出生命创造价值的过程；人生其实就像一只画笔，只不过只有不断地描绘、填充才能有七彩的画面。

无论我们把人生说的多么千姿百态，多么天花乱坠，也不能离开一个词，要不也没有生不逢时，时势造英雄存在的必要了，它就是机遇。机遇能使人生更加光彩夺目，也能使人生暗淡失色，关键在于我们会不会抓住、把握、利用机遇。

　　人的一生有很多机会，关键看你自己怎么把握，有时候只是一句话，有时候是一个微小的动作，或者更悬乎的是你自己的一个表情，所以说我们在任何条件下都要打起精神，使我们的朋友感觉到我们很有活力，精神百倍，充满着希望，充满着机遇。

第十一章
珍惜时间，时不我待

俗话说："时不我待，机不可失"，没抓住当前的机会，意味着将失去下一个机会。机遇总是有限的，不可能任由我们挥霍；机遇又是转瞬即逝的，不可能等我们慢腾腾地采取动作。过去，由于种种原因，我们错过了一些机遇，留下了不少的遗憾。现在，我们再也不能错失良机了。

要有"与时间赛跑"的意识

人的一生是有限的,多则百年,少则几十年。如果一个人一生能活到70岁,那么,它的全部时间就是60万个小时。如果把一生时间当做一个整体运用,那么就是到了三四十岁,会认为现在刚刚是起点,即使五六十岁,还有许多有效时间可以利用。但时间又是那样的容易逝去,如果你只是活一天算一天,到了三四十岁,就会感到人生的道路已走一半了。人过30不学艺,结果是无所事事地混过晚年。许多本来可以好好利用的时间,白白地消磨过去。

我们中的许多人都是这样,随意把时间浪费掉,那么,虽然他在此时是自由的,但在即将接踵而来的社会竞争面前,却很可能不自由,就会丧失某些原本属于他的机遇。

一位著名的学者在他的一本关于有效管理时间的书中写道:"关于管理者的任务的讨论,一般都从如何做计划说起。这样看来很合乎逻辑。可惜的是管理者的工作计划,很少真正发生作用。计划常只是纸上谈兵,常只是良好的意见而已,而很少转为成就。"

人在时间中成长,在时间中前进。时间,唯有时间,才能使智力、想象力及知识转化为成果,人的才能得到充分的发挥,尽快踏上成功之路,若没有充分利用时间的能力,不能认识自己的时间,计划自己的时间,管理自己的时间,那只会失败。

时间,是成功者前进的阶梯。任何人想要成就一番事业,都不可能一蹴而就,必须踩着时间的阶梯一级一级攀登。

时间是成功者胜利的筹码。成功要有个定向积累的过程,世界上从来没有不花费时间便唾手可得的成功，时间对于你工作的成功意义是巨大的。歌德曾后悔地说："在许多不属于我本行的事业上浪费了太多的时间，"假如分清主次的话，"我就很可能把最珍贵的金刚石拿到手。"我们再假定，如果歌德活到六七十岁即去世，那他的伟大巨著《浮士德》肯定完成不了。

在当今的社会工作中，时间被看得越来越重要，能否有效地运用时间，提高时间管理的艺术，成为决定成就大小的关键因素。由于现代资讯的增加，知识陈旧周期缩短，使人才越来越带有不固定性。有效地对时间进行利用成为需要。

时间是一种重要的资源，却无法开拓、积存或是取代，每个人一天的时间都是相同的，但是每个人却有不同的心态与结果，主要是人们对时间的态度颇为主观，不同的人对时间都会抱持着不同的看法，于是在时间的运用上就千变万化了。

对时间管理应有怎样的认识，如何与时间拼搏？对任何一个人而言都具有积极的意义。

时间管理，就是如何面对时间的流动而进行自我的管理，其所持的态度是将过去作为现在改善的参考，把未来作为现在努力的方向，而好好地把握现在，立刻去运用正确的方法做正确的事。要与时间拼搏，就要明白下面一些理念：

时间管理的远近分配。为了能掌握时间，每一个人可根据自己的目标安排10年的长期计划、3年或5年的中期计划甚至季或月的执行计划，计划亦可根据不同的职务层次，安排10年的经营目标或3至5年的策略目标。

时间管理的优先顺序。为了使有限的时间产生效益，每一个人都应将其设定的目标根据对于自身意义的大小编排出行事的优先顺序，其顺序为第一优先是重要且紧急的事，第二优先是重要但较不紧急的事，第三优先是较不重要但却紧急的事，第四优先才是较重要且并不紧急的例行工作。

时间管理的限制突破。任何的目标达成都会因人、物、财三种资源限制，而如何客观地找出这些限制因素，并寻求不同的突破方法，可使得目标的达成度增高，亦表示预期目标的实际性，以避免理想成为空想，时间白白虚度。

时间管理的计划效率。没有计划，行动的效率就会大打折扣，而计划后也才能看出实际行动中可能产生的风险，以提醒自己注意，使理想与现实能够结合。

时间管理的结果、评估。任何行动，都必须对其结果进行评估，以清楚地了解目标计划的超前与落后，各种未曾预测到的限制发生与可能的风险因素，以重新调整或改进，使整个时间的流动皆踏踏实实。

我们要与时间拼搏，就是要有效地管理我们的时间。让有限的时间对于我们的工作具有更大的意义。

能够把对手"挑落马下"的人，其实没有什么绝招可言，只不过是在他们出手时，在时间上比对手快了一点。

比尔·盖茨说："现在的商业竞争，没有什么秘密可谈，谁能在最短的时间内，发挥出自己的优势，谁就能'称王'。"

在激烈竞争的商战中，时间是战胜对手的一个重要因素，谁在时间上领先一步，谁就有可能取得节节胜利。只有做到这一点，才能满足新时代对人们的要求，并将技术革新变得方便实用，这样，你就会牢牢地占据市场，你也会以此为动力，不断发展。比尔·盖茨在"卓越"软件的开发上所表现出来的眼光与胆识，就是很好的说明。

现代企业的发展随着时代和社会的进步已经深深地打上了时间的烙印，对时间的有效利用渐渐成为衡量一个企业健康与否的重要尺度。

在商业竞争中，时间就是效率，时间就是生命，尤其是最具有现代产品性质的电脑软件更是一种时间性极强的产品，一且落后于人，就会面临失败的危险。

比尔·盖茨在长期的实践中，对这一点体会最深，正是凭借着这笔难得的财富，他才能总在公司的若干重大危机关头，采取断然措施，抢在别人前面，因而获得成功。

"永远比人快一步"是微软在多年的实战中总结出来的一句名言。这句名言在微软与金瑞德公司的一次争夺战中，表现得尤其淋漓尽致。

金瑞德公司根据市场需求，经过潜心研制，推出了一套旨在为那些不能使用电子表格的客户提供帮助的"先驱"软件。这是一个巨大的市场空白，毫无疑问，如果金瑞德公司成功，那么微软不仅白白让出一块阵地，而且还有其他阵地被占领的危险。

面对这种情况，比尔·盖茨感到自己面临的形势十分严峻，他为了击败对手，迅速做出了反应。1983年9月，微软秘密地安排了一次小型会议，把公司最高决策人物和软件专家都集中到西雅图的苏克宾馆，整整开了2天的"高层峰会"。

在这次会议上，比尔·盖茨宣布会议的宗旨只有一个，那就是尽快推出世界上最高速电子表格软件，以赶到金瑞德公司之前占领市场的大部分资源。

微软的高级技术人员们在明白了形势的严峻之后，纷纷主动请缨，比尔·盖茨在经过反复的衡量之后，决定由年轻的工程师麦克尔挂帅组建一个技术攻关小组，主持这套软件的开发技术。麦克尔与同仁们在技术研讨会议上透彻地分析和比较了"先驱"和"耗散计划"的优劣，议定了新的电子表格软件的规格和应具备的特性。

为了使这次计划得到全面的落实和执行，比尔·盖茨没有隐瞒设计这套电子表格软件的意图，从最后确定的名字"卓越"中，谁都能够嗅出挑战者的气息。

作为这次开发项目的负责人,麦克尔深知自己肩上担子的分量,对于他来说,要实现比尔·盖茨所号召的"永远领先一步",首先意味着要超越自我,征服自我。

但是,事情的发展从来都不是一帆风顺的,现实往往出乎人们意料。

1984年的元旦是世界计算机史上一个影响深远的里程碑,在这一天,苹果公司宣布它们正式推出首台个人电脑。

这台被命名为"麦金塔"的陌生来客,是以独有的图形"窗口"为用户界面的个人电脑。"麦金塔"以其更好的用户界面走向市场,从而向IBM PC个人电脑发起攻势强烈的挑战。

比尔·盖茨闻风而动,立即制定相应的对策,决定放弃"卓越"软件的设计。而此时,麦克尔和程序设计师们正在挥汗大干、忘我工作,并且"卓越"电子表格软件也已初见雏形。经过再三考虑,比尔·盖茨还是不得不做出了一个心痛的决定,他正式通知麦克尔放弃"卓越"软件的开发,转向为苹果公司"麦金塔"开发同样的软件。

麦克尔得知这一消息后,百思不得其解,他急匆匆地冲进比尔·盖茨的办公室:

"我真不明白你的决定!我们没日没夜地干,为的是什么?金瑞德是在软件开发上打败我们的!微软只能在这里夺回失去的一切!"

比尔·盖茨耐心地向他解释事情的缘由:

"从长远来看,'麦金塔'代表了计算机的未来,它是目前最好的用户界面电脑,只有它才能够充分发挥我们'卓越'的功能,这是IBM个人电脑不能比拟的。从大局着眼,先在麦金塔取得经验,正是为了今后的发展。"

看到自己负责开发研究的项目半路夭亡,麦克尔不顾比尔·盖茨的解释,恼火地嚷道:"这是对我的侮辱。我绝不接受!"

年轻气盛的麦克尔一气之下向公司递交了辞职书。无论比尔·盖茨怎么挽留，他也毫不松口。不过设计师的职业道德驱使着他尽心尽力地做完善后工作。

麦克尔把已设计好的部分程序向麦金塔电脑移植，并将如何操作"卓越"制作成了录像带。之后，便悄悄地离开了微软。

爱才如命的比尔·盖茨，在听说麦克尔离开微软后，在第一时间内立即动身亲自到他家中做挽留工作，麦克尔欲言又止，始终不肯痛快答应。盖茨只好怀着矛盾的心情离开了麦克尔的家。

麦克尔虽然嘴上说不回微软，但他的内心不仅留恋微软，而且更敬佩比尔·盖茨的为人和他天才的创造力。

第二天，当麦克尔出现在微软大门时，紧张的比尔·盖茨才算彻底松了一口气："上帝，你总算回来了！"

感激之情溢于言表的麦克尔紧紧拥抱住了早已等候在门前的比尔·盖茨，此后，他专心致志地继续"卓越"软件的收尾工作，还加班加点为这套软件加进了一个非常实用的功能——模拟显示，比别人领先了一步。

嗅觉灵敏的金瑞德公司也绝非无能之辈，它们也意识到了"麦金塔"的重要意义，并为之开发名为"天使"的专用软件，而这，才正是最让盖茨担心的事情。

微软决心加快"卓越"的研制步伐，抢在"天使"之前，成功推出"卓越"系列产品。半个月后，"卓越"正式研制成功，这一产品在多方面都远远超越了"先驱"软件，而且功能更加齐全，效果也更完美。因此，产品一经问世，立即获得巨大的成功，各地的销售商纷纷上门定货，一时间，出现了供不应求的局面。

此后，苹果公司的麦金塔电脑大量配置卓越软件。许多人把这次联姻看成是"天作之合"。而金瑞德公司的"天使"比"卓越"几乎慢了3周。这3周就决定了两个企业不同的命运。

随后的市场调查报告表明:"卓越"的市场占有率远远超过了"天使"。将竞争对手甩在后面,微软又一次给全世界上了精彩的一课。

在各种各样的商战中,谁在时间上赢得主动,谁就能领先一步,在行动中就有了取胜的主动权。这样,你就会牢牢地占据市场,你也会以此为动力,不断发展。比尔·盖茨在"卓越"软件的开发上所表现出来的眼光与胆识,就是很好的说明。

人生就是一场竞赛,只有不断地奔跑,才能在竞争中不被他人"吃掉"。

比尔·盖茨说:"快速、加速、变速就是这个信息时代的显著特征。这种特征只有每个敢于奋起直追的人才能真正理解和把握。"

在创业初期,比尔·盖茨设计开发的软件"8086",似乎是超乎寻常的。比尔·盖茨安排一位软件开发工程师做新模拟程序的候选人。可是过了很长时间,他连手册还没有写出来。微软公司的雷恩和奥里尔只好根据英特尔工程师们写的说明书来搞他们的版本。英特尔的工程师们此时正在设计这个芯片。

这样,软件就走到了硬件的前头。

这样做似乎没有必要。但是在那一个阶段,微软公司内部有一种狂热的工作气氛,这种气氛推动着所有员工拼命工作。在这后面有一个叫做比尔·盖茨的"魔鬼",他不断地催促说:"快点!快点!"

那时,比尔·盖茨心里十分清楚,微软公司这么干实际上是在做一次投机冒险。按以往的惯例:搞项目总是等机器出来,然后各路英雄一路冲杀过去,谁做得好、做得快,谁就会成功。

比尔·盖茨知道,在同一条起跑线上,很难说谁就一定得第一。微软公司这一次的方法是抢跑。新的计算机做不出来,就算微软公司白干了一场。但是，新型计算机做出来了，那谁也别和微软公司争了，微软公司一定是第一。

微软公司的这个决策得到了回报，它又一次挣到了钱。

在阿尔伯克基的一切工作都做完后，微软公司将做一次战略转移。为了永远记住在阿尔伯克基的日日夜夜，微软公司的各位英豪决定在1978年11月7日这天照一张集体像。

就在这个月，微软公司完成了全年100万美元的销售额。精确地说，是135万多美元。他们带着这个成绩，向着大西北绿草如茵的地方进发了。

在途中，比尔·盖茨访问了硅谷的计算机制造商。在一条路上，他得到了警察开具的三张超速行驶的罚单，其中两张是同一天被同一个警察处罚的。他来来去去都开得太快了。

他用的是微软的速度。可惜的是，警察并不理解这种速度的含义和这位司机的真实思想。这是一个速度快得让人目不暇接的时代，只有跟得上速度的人，立志于走在时间前面的人才能取得成功。比尔·盖茨的创业成功就证实了这一点。

在日常生活中，你要学会和自己比赛，始终走在时间的前面，尽可能地超出自己平常的成绩。

谁慢谁就会被吃掉。比如，搏击以快打慢，军事先下手为强，商战已从"大鱼吃小鱼"变为"快鱼吃慢鱼"。

比尔·盖茨认为，竞争的实质，就是在最快的时间内做最好的东西。人生最大的成功，就是在最短的时间内达成最多的目标。质量是"常量"，经过努力都可以做好以致于难分伯仲，而时间，永远是"变量"，一流的质量可以有很多，而最快的冠军只有一个。任何领先，都是时间的领先！

利用好自己的每一秒

一个人之所以成功，时间管理是非常重要的因素，如果我们想要成功，就必须让我们的时间管理做得更好，要把时间管理好，最重要的就是做好以结果为导向的目标管理。

首先，你现在对于时间的心理概念是怎样的，你要有把事情做好、把时间管理好的强烈欲望，并决定达成做好时间管理的目标。时间管理是一种技巧，观念与行为有一段差距，必须经常去演练，才能养成良好的习惯，不断坚持，直到运用自如。

只有时间管理好，才能够达到自我理想，建立自我形象，进一步提升自我价值。每个人若能每天节省 2 小时，一周就至少能节省 10 小时，一年节省 500 小时，则生产力就能提高 25％以上。每一个人皆拥有一天的 24 小时，而成功的人单位时间的生产力则明显地较一般人高。

你要明确，要成就一件事情，一定要以目标为导向，才会把事情做好，把握现在，专注在今天，每一分每一秒都要好好把握。想要做一个工作高手，有两个关键，第一就是工作表现，要有能力去完成工作，而非只强调其努力与否而已；第二是重视结果，凡事一定要以结果为导向，做出成果来。时间管理好，能让人更满足、更快乐，赚取更多的财富，自我价值亦更高。

现在来看一下你的时间是如何使用的。

记录自己的时间的目的在于知道自己的时间是如何耗用的。为此，要记录时间的耗用情况。要掌握用精力最好的时间干最重要的事。精力最好的时间，因人而异。每个人都应该掌握自己的生活规律，把自己精力最充沛的时间集中起来，专心去处理最费精力、最重要的工作,否则,常常把最有效的时间切割成无用的或者低效率的零碎时间。试着找到无效的时间,首先应该确定哪些事根本不必做,哪些事做了也是白费功夫。凡发现这类事情,应立即停止这项工作;或者明确应该由别人干的工作,包括不必由你干,或别人干比你更合适的,则交给别人去干。其次还要检查自己是否有浪费别人时间的行为,如有,也应立即停止。消除浪费的时间,因为时间毕竟是个常数,人的精力总是有限的。

  分析一下自己的时间都用到哪里去了,是时间管理的第一步。介绍一个例子,惠普公司总裁柏拉特把自己的时间划分得很好。他花20%的时间和客户沟通,35%的时间在会议上,10%的时间在电话上,5%的时间看公文。剩下来的时间,他花在一些和公司无直接关系,但间接对公司有利的活动上,例如业界共同开发技术的专案、总统召集的关于贸易协商的咨询委员会。当然,他每天也留一些空当时间来处理发生的情况,例如接受新闻界的访问等。这是他与他的时间管理顾问仔细研究讨论后得出的最佳安排。

  对照一下,你是否有时间管理不良的征兆?看看你是否有以下这些问题:(1)你是否同时进行着许多个工作方案,但似乎无法全部完成?(2)你是否因顾虑其他的事而无法集中心力来做目前该做的事?(3)如果工作被中断你会特别震怒?(4)你是否每夜回家的时候累得精疲力竭却又觉得好像没做完什么事?(5)你是否觉得老是没有什么时间做运动或休闲,甚至只是随便玩玩也没空?对这些问题,只要有两个回答是"是"的话,那你的时间管理就出了问题。

  有效的个人时间管理必须对生活的目的加以确立。先去"面对"并"发现"自己生活的目标在何处,问问自己:"为什么而忙?""到底想要实现什么?完成什么?"问自己这些问题对自己的生活颇有启发作用。接下来应要求自己"凡事务必求其完成",未完成的工作,第二天又回到你的桌上,要你去修改、增订,因此工作就得再做一次。

你是否了解下面一些时间管理的原则呢?

第一,设定工作及生活目标,排好优先次序并照此执行。

第二,每天把要做的事列出一张清单。

第三,停下来想一下现在做什么事最能有效地利用时间,然后立即去做。

第四,不做无意义的事。

第五,做事力求完成。

第六,立即行动,不可等待、拖延。

设定一个目标的好办法

设定一个目标,立定标杆,全力以赴。譬如射标,一定要有一个靶,才会射中标的。同样的,人生若没有目标,只会任由环境影响,而非自己影响环境。根据耶鲁大学研究,只有3%的学生为自己订下目标,而其他的学生则没有。经过长时间的研究指出,当初订下目标的3%的学生,其成就远超过其余97%的学生的总和。

一般人不愿为自己设定时间衡量的目标的几个原因:怕万一达不到会有失败感;认为每天过得好好的就可以了;误将行动当成就;每天忙来忙去,好像很有成就感。其实行动不等于成就,有结果才算有成就,所以一定要设定成就目标。

尝试着这样为自己拟定一个目标并去实现它:

第一,先拟出您期望达到的目标;

第二,列出好处:您达到这目标有什么好处?譬如您有一个目标想买房子,列出买房子对您有哪些好处;

第三,列出可能的障碍点:您要达到此目标之障碍,可能是钱不够、能力不够等,一一列举,同时列出解决的想法;

第四，寻求支持的对象：一般而言，很难靠自己一个人即能达到目标，所以应将寻求支持的对象亦一并列出；

第五，订出行动计划：一定要有一个行动计划；

第六，订出达成目标的期限。

要实现目标，我们应该做到以下几个方面：

（1）消除恐惧。不要担心失败，认同每个人一定要有"目标"这个想法。

（2）坚持目标。若不坚持，任由挫折、打击所摆布因而放弃，则永远达不到预定的目标。一位希望追求成功的人必须能坚持、决不放弃，才会成功地达到目标。

（3）写下目标。通常想的还是不够，一定要写下你的目标，才能加深印象，进入潜意识。

（4）设定优先顺序。目标可能有很多，一定要排定其优先顺序。

（5）拟定计划。依据目标之优先顺序拟定计划。对计划设定优先等级和先后顺序。

（6）排定时间：确实做，马上做。

除掉障碍，寻求合作，充实知识，决定关键步骤。人类因梦想而伟大，做伟大的梦，并使它们实现。每天早上重写一遍你的目标，每天晚上审查这些目标；每天如此做，这样才会进到潜意识。

每天都要作好一个有效的计划。

没有哪一位足球教练不在赛前向队员细致周密地讲解比赛的安排和战术。而且事先的某些计划也并非一成不变，随着比赛的进行，教练一定会根据赛情做某些调整。但重要的是，开始前一定要做好计划。

你最好为你的每一天和每一周订个计划，否则你就只能被迫按照不时放在你桌上的东西去分配你的时间，也就是说，你完全由别人的行动决定你办事的优先与轻重次序。这样你将会发觉你犯了一个严重错误——每天只是在应付问题。

为你的每一天定出一个大概的工作计划与时间表，尤其要特别重视你当天应该完成的两三项主要工作。其中一项应该是使你更接近你最重要目标之一的行动。在星期四或星期五，依照这个办法为下个星期做同样的计划。

请记住，没有任何东西比事前的计划能促使你把时间更好地集中运用到有效的活动上来。不要让一天繁忙的工作把你的计划时间表打乱。

做一张日程表，日程表对每个人都可以从中获利。

在纸的一边或在你的记事本上列出某几段特定时间要做的事情，如开会、约会等。在纸的另一边列出你"待做"的事项——把你计划要在一天完成的每一件事情都列出来。然后再审视一番，排定优先顺序。表上最重要的事项标上特别记号。因此，你要排出一两段特定的时间来办理。如果时间允许，再按优先顺序尽量做完其他工作。不要事无巨细地平均支配时间，同时你要留有足够的时间来弹性处理突发事项，否则你会因完不成主要工作而泄气。

在使用日程表时，你应注意"待做事项"有一个很大的缺点，那就是我们通常根据事情的紧急程度来排定。它包括需要立刻加以注意的事项，其中有些事项很重要，有些并不重要。但是它通常不包括那些重要却不紧急的事项，诸如你要完成但没有人催你的长远计划中的事项和重要的改进项目。

因此，在列出每天"待做事项"时，你一定要花一些时间来审阅你的"目标表"，看看你现在所做的事情是不是有利于你要达到的主要的目标，是否与其一致。

在结束每一天工作的时候，你很可能没有做完"待做事项"中所列出的事项，但是你不要因此而心烦。如果你已经按照优先次序完成了其中几项主要的工作，那么这正是时间管理所要求的。

不过这里有一项忠告：如果你把一项工作从一天的"待做事项"上移到另一天的工作表上，且不只是一两次，这表明你可能是在拖延此事。这时你要向自己承认，你是在打马虎眼，你就不要再拖延下去了，而应立即想出处理办法并着手去做。

你最好在每天下班前几分钟拟定第二天的工作日程表。如果拖到第二天上午再列工作计划表，那就容易做得很草率，因为那时又面临新一天的工作压力。这种情况下排定的工作表上所列的常常只是紧急事务，而漏掉了重要却不一定是最紧急的事项。

为某一工作定出较短的时间，也就是说，不要将工作战线拉得太长，这样你就会很快地把它完成。这就是你为什么要定出每日工作计划的目的所在。没有这样的计划，你对待那些困难或者轻松工作就会产生惰性，因为没有期限或者由于期限较长，你感觉可以以后再说。如果你只从工作而不是从可用的时间上去着想，就会陷入一种过度追求完美的危机之中。你会巨细不分，且又安慰自己已经把某项次要工作做得很完美，这样做的结果只能是主次不分地尝试制作一张每日时间记事表，根据你自己的状况不断加以修正。这种表可以包括两类：一类是"活动事项"，另一类是"活动目的"。把一天的办公时间按你认为合适的标准划分为若干个时间段，然后在上面打两个记号，每一类下面各一个，并且按照需要，在"附注"栏中注明你确实做了些什么。

你可以把这张表放在一边的架子上，不使用的时候就看不到它，然后每一个时段结束后简单填一下。一天累积起来，填写这张表大概只要三四分钟，但是它产生的效果极为惊人。

你会发现，你以前根本说不清楚你的时间究竟都用到哪里去了。你的记忆力在这方面是不可靠的，因为我们往往只记得一天中最重要的事情——也就是我们完成了某些事情的时刻——而忽略掉我们浪费或未能有效利用的时间。琐碎的事项，小小的分心都不太重要，我们记不住。但这些正是我们最需要辨明并加以修正之处。

填写这张表两三天之后，你会惊讶地发现，你有很多地方可以改进。例如，你可能会发现你以前并不知道你竟然花了那么多的时间去阅读杂志、报纸等，因此想找出一个办法来减少用于这方面的时间。你也可能会惊讶地发现，你竟然把那么多时间用在赴约的路上，因此想办法改进行程，一次去几个地方，或多利用电话。

不过最重要的是，你会惊讶地发现，你实际上居然只用一点点时间做你承认是最优先的事。而和你东奔西走地处理那些次优先的事务相比，你用于计划、预估时间、探寻和利用时机，以及努力确定目标等的时间真是太少了，这样你会更清醒。

设定好事情的优先次序

每个人每天都有非常多的事情要做，为有效管理时间，一定要设定优先次序：在日常工作中，有20%的事情可决定80%的成果；目标须与人生、事业的价值观相互符合，如此才不致于浪费力气；才会发展专长，从事高价值的活动；无益身心的低价值活动，会腐蚀我们的精力与精神，尽量不要去做；要设定优先顺序，将事情依紧急、不紧急以及重要、不重要分为四大类。一般人每天习惯于应付很多紧急且重要的事，但接下来会去做一些看来紧急其实不太重要的事，整天不知在忙什么。

其实最重要的是要去做重要但是看起来不紧急的事，例如读书、进修等，若你不优先去做，你人生远大的目标将不易实现。

设定优先次序，可将事情区分为五类：必须做的事情、应该做的事情、量力而为的事情、可以委托别人去做的事情、应该删除的工作。最好大部分的时间都在做必做和应该做的事情。

时间应如何运用才最有价值？一个重要的观念是要做对的事以及重要的事，而不是把事情做完就可！一般人的习惯是不管所做的事情是否正确，只知一味地去做，这样是不对的。唯有努力去做"对"的事情才会有高产能，要有勇敢的特质，拒绝不重要的事，来者不拒是不好的。

真正的成功本身是一种态度，亦即要有成功的意念、欲望、决心，每天要有足够的时间来做重要的事。

组织时间、保持整洁，能够提升我们的自我价值、自我形象以及自我尊严。例如使桌面保持整洁、做完事立即归档、做事只经手一次，经手五六次才完成就很浪费时间，凡事若能预作准备，才能有效地掌握时间。

将不用的资料丢掉、将资料转交给别人去做、重要的事情一定要马上去做、有使用价值且重要者才归档，据统计，约80%～90%的归档资料不会再去用它。若在5分钟之内无法找到所要的档案，就是不好的档案系统，所以每隔一段时间要整理档案，并将不需要的档案丢掉。

有毅力、耐心地持续工作，直到完成；做完工作，给自己适度的报酬与奖励；善于利用内在及外在的巅峰时刻：内在巅峰时刻是指利用自己精神最好的时刻来做重要的事情；外在巅峰时刻是指与别人接洽时要掌握别人最有空的时段；善用30%定律：一般人完成工作所需要的时间通常会超出您所预定时间的30%以上；善加规划能减轻压力；不要制造借口，要妥善制订计划并将工作完成。

当在工作上和时间上愈来愈有绩效时,你可能会被指派更多的工作,有效的专案管理(组织和执行能力)将是成功的关键,其内容包括下列几个方面:

(1)多重的工作。您越能做多重的工作计划,即代表您的能力越强。

(2)规划和组织。

①事先一定要有很好的规划及组织;

②任何事情一定要设定一个期限来完成它;

③列出完整的工作清单。

(3)判定限制的步骤。看看哪些事情会影响结果,想办法解决;多重工作计划的管理可依循序法或并行法进行。

(4)指派和授权。

①事情实在太多,不可能自己一个人完全承担,有些事情一定要指派给别人;

②当事情指派给别人时,一定要记得做检核的动作,检视对方是否依照自己的理想去做;

③凡是可能出错的都会出错;

④每次出错的时候,总是在最不可能出错的地方;

⑤不论您估算多少时间,计划的完成都会超出期限;

⑥不论您估算多少开销,计划花费都会超出预算;

⑦您做任何事情之前,都必须先做一些准备工作。

(5)崔西定律。任何工作的困难度与其执行步骤的数目平方成正比。例如完成一件工作有3个执行步骤,则此工作的困难度为9,而完成另一工作有5个执行步骤,则此工作的困难度是25,所以必须简化工作流程。简化工作是所有成功主管的共同特质,工作愈简化,愈不会出问题。

(6)尽量不要浪费时间。一般人在接电话后习惯聊天,这样很浪费时间;不重要的会尽量不要召开,开会一定要准时开始及结束,要好好地计划,才不会浪费时间;临时有人敲门拜访,一闲聊就花掉数十分钟,所以尽量花费数分钟即结束。

(7)应克服下列行为或习惯:拖延、犹豫不决、过度承诺、组织能力不佳、缺乏目标、缺乏优先等级、缺乏完成期限、授权能力不佳、权力或责任界定不清、缺乏所需资源。

学会把工作重点拟出来,然后作出抉择。通常自己就是时间杀手,要设法控制自己。

管住了时间就管住了一切

俗话说"一寸光阴一寸金",做一个善于管理时间的人,不仅你的事业充满了发展的机遇,而且,你的人生也充满快乐。

对时间情有独钟的比尔·盖茨,在和友人的一次交谈中说:"一个不懂得如何去经营时间的商人,就会面临被淘汰出局的危险。如果你管住了时间,那么就意味着你管住了一切,管住了自己的未来。"

如果你开车去一个不熟悉的地方,会不会先不问路或不带地图?时间管理专家认为,每次花少许时间去预先计划,收效将会十分显著。事先花10分钟筹划,事中就不必花一个钟头去想该做些什么事。

赫德莉克在他所著的《生活安排五日通》一书里说:"不要把所有活动都记在脑袋里,应把要做的事写下来,让脑子做更有创意的事情。"

相信笔记,不相信记忆。养成"凡事预则立"的习惯。

善于经营的比尔·盖茨指出,为时间做预算、做规划,是管理时间的重要战略,是时间运筹的第一步。成功目标是管理时间的先导和根据。你应以明确的目标为轴心,对自己的一生做出规划并排出完成目标的期限。

比尔·盖茨说:"只有做好充分准备,才是快速完成工作的保障。"

如果你想成为一个企业管理的行家,你得大致计划一下,突破一门课程需花多长时间。什么时候进入管理实践,向内行学习。你若以搞发明创造为目标,就得在学习科学理论、向他人求教、动手制作、实验等几个领域分配好时间和精力。

立计划,也包括对"预算"的检查督促。你要经常检查实现某一短期目标,是否如期完成,可以记工作日志,或将完成每件事花费的时间记录下来。

有的人,工作起来似乎一天到晚都很忙,并且常常加班,为何非得加班呢?多半是由于工作管理拙劣所致,避免加班的关键在于行程表的拟订。总的来说,拟订周期行程表是件非常重要的事。

我们可以尝试拟订行程表,让自己的工作行程、同事的活动、上司的预定计划、公司的整体动向等事情一目了然。

由于自己的工作并非完全孤立,所以必须将它定性在所属部门的课题、公司整体的课题乃至各界的动向上,方才能够加以掌握管理。

只要尝试拟订行程表,原本凌乱不堪的各种预定计划,就会显得条理井然。

人们之所以工作忙得不可开交,究其原因是由于老在工作即将截止之前,赶紧手忙脚乱地从事加班熬夜之故。这种做法经常导致工作水平下降。

如果能够拟订行程表,设定进修时间、休闲时间、与家人沟通的时间,自己和家人都将取得默契、步调一致。此外,通过与家人的沟通了解,不但得以减轻日常生活的紧张压力,而且能够涌现新的活力。

当然,在生活中我们也有过这种讨厌的经验——我们计划好了,也准备好按照计划一步一步地办事,可是半途却节外生枝,把我们的预算弄得一团糟。试过一次又一次,最后我们放弃了:

"算了，走一步瞧一步罢了！"可是这种态度害人真不浅呀！"走一步瞧一步"拖垮了多少个计划，毁灭了多少理想，令多少人在下班回家的时候无精打采，精疲力尽，因为他们根本不知道时间跑到哪里去了，今天他们成就了什么事？

珍惜时间，生命充满意义

做一个珍惜时间的人，你的生命就会变得更有意义。

比尔·盖茨说："挥霍时间就是挥霍生命。"挥霍金钱不是最大的浪费，挥霍时间才是最大的浪费。你不要不在意短短的一分钟或一秒，也许在那一分钟或一秒里，就有改变你一生命运的良机。

也许你的财富无法与比尔·盖茨相比，但有一样东西你和他拥有的一样多，那就是时间。时间的分配对于每一个人来说都是异常公平的，不论富人或穷人，男人或女人，聪明的或不聪明的，摆在你面前的时间，每一天都是24小时，绝对不多一分也不少一秒。

但对时间的使用却是最不公平的，因为有人懂得珍惜，一分掰作二分用，而有人暴殄天物，让时间随意溜走，他不知道，对时间的挥霍是一种最大的浪费。有一句告诫的话说得很到位：浪费时间就是糟践自己。因为无论是谁都无法回过头去，找到曾经无意之中浪费掉的哪怕是一分钟的光阴。

如果你学会科学地把握时间、善用时间，就会变得聪明又充实，在适当的时间内做完你应该做的事情。

没有人真的没有时间。每个人都有足够的时间做必须做的事情，至少是最重要的事情。

在同样多的时间里,却能够做更多的事情,他们不是有更多的时间,而是更善于利用时间。

凡是在事业上有所成就的人,都是惜时如金的人。无论是老板还是打工族,一个做事有计划的人,总是能判断自己面对的顾客在生意上的价值,如果有很多不必要的废话,他们都会想出一个收场的办法。同时,他们也绝对不会在别人的上班时间,去和对方海阔天空地谈些与工作无关的话,因为这样做实际上是在妨碍别人的工作,浪费别人的生命。

懂得节省时间的人,是对生命的一种尊重。尤其在生意场上,如果你是一个部门经理,整天与顾客们打交道,就更应该懂得时间对自己的价值。在这里告诉你一个既简单又实用的方法:当你与来客把事情谈妥后,应该很有礼貌地站起来,与客人握手告别,并诚恳地告诉客人自己很愿意再多谈一会,因为我们的谈话很愉快,可是今天的事情太多,只能另寻机会了。这种委婉的推脱之辞,客人们都会接受,也都会理解,而且,对你的诚恳态度也会非常满意。

在时间就是金钱、时间就是效益的今天,真正干大事的人,他们从来不愿意多耗费一点一滴的宝贵资本——时间。

商人最可贵的本领之一就是与任何人交往都简捷迅达。这是一般成功者都具有的通行证。与人接洽生意能以最少时间产生最大效率的人,恐怕没有人能与比尔·盖茨相比。为了珍惜时间他招致了许多人的怨恨,其实人人都应该把比尔·盖茨作为这一方面的典范,因为人人都应具有这种珍惜时间的美德。

比尔·盖茨每天上午9点30分准时进入办公室,下午5点回家。有人对比尔·盖茨的资本进行了计算后说,他每分钟的收入是50美元,但比尔·盖茨认为不止这些。所以,除了与生意上有特别关系的人商谈外,他与人谈话一般不会超过5分钟。

通常,比尔·盖茨总是在一间很大的办公室里,与许多员工一起工作,他不是一个人呆在房间里工作。比尔·盖茨会随时指挥他手下的员工,按照他的计划去行事。如果你走进他那间大办公室,是很容易见到他的,但如果你没有重要的事情,他是绝对不会欢迎你的。

作为一个公司的当家人,比尔·盖茨能够准确地判断出一个人来接洽的到底是什么事。当你对他说话时,一切拐弯抹角的方法都会失去效力,他能够立刻判断出你的真实意图。这种卓越的判断力使比尔·盖茨赢取了许多宝贵的时间。有些人本来就没有什么重要事情需要接洽,只是想找个人聊聊天,而耗费了工作繁忙的人许多重要的时间。比尔·盖茨对这种人简直是恨之入骨。

第十二章
最后的赢家
都是把握机会的拼搏者

盛衰循环就如同春夏秋冬一般,黑暗隧道远程的亮光依然明灭闪烁,山穷水尽之际也常暗藏迎来柳暗花明的契机,懂得把握契机主动出击,坚持做对的事,就有机会突破劣境,成为扭转乾坤的最后赢家!

三分靠机会，七分靠打拼

再坚持一下的拳王阿里

　　命运似乎格外垂青那些有坚强的毅力、不畏艰辛、敢于拼搏的人。机会与成功往往也存在于再坚持一下的努力之中。

　　丘吉尔说过这样一句话："成功的秘诀就是：坚持、坚持、再坚持！"这句话是说，一个人不论做什么事情，要想实现自己的目标，取得成功或胜利，都必须有一个顽强的劲头，有一种坚忍不拔的毅力才行。

　　上个世纪的中后期，是世界重量级拳击史上英雄辈出的时期，阿里就是其中的一员。当时，他有4年都未登上拳台了，而且那时的他体重已超过正常体重20多磅，速度和耐力也已大不如前，医生给他的运动生涯判了"死刑"。然而，阿里自己却坚信"精神才是拳击手比赛的支柱"，他凭着顽强的毅力又重返了拳台。

　　在1975年的一天，33岁的阿里与另一拳坛猛将弗雷泽进行了又一次的较量，这是他们的第三次较量了，前两次他们一胜一负，所以这一次无论是对阿里还是对弗雷泽都是至关重要的一次较量。那天，在他们进行到第十四回合时，阿里已感觉精疲力竭，濒临崩溃的边缘。这个时候若有一片羽毛落在他身上，定能让他轰然倒地。他几乎再无丝毫力气迎战第十五回合了。然而他提着一口气，以他自身特有的毅力在拼着性命坚持着，不肯放弃。他心里很清楚，此时的弗雷泽也和自己一样，只有出气的力气了。

　　是的，他们比到这个地步，与其说是在比气力，不如说是在比毅力，就看谁能比对方多坚持一会儿。阿里知道此时如果

第十二章　最后的赢家都是把握机会的拼搏者

在精神上压倒对方，就有胜出的希望。于是阿里努力保持着坚毅的表情和誓不低头的气势，双目如电，在气势上压住对方，令弗雷泽不寒而栗，以为阿里仍存着体力。这时，阿里的教练邓迪也敏锐地观察到弗雷泽眼光中已有放弃的意思，他将此信息用眼神与表情以最快的速度传达给阿里，并鼓励阿里再坚持一下。阿里获此信息，精神为之一振，更加顽强地坚持着。果然，弗雷泽表示"俯首称臣"，甘拜下风。裁判当即举起了阿里的臂膀，宣布阿里获胜。这时，保住了拳王称号的阿里放松下来，还未走到台中央便眼前漆黑，双腿无力地跪在了地上。弗雷泽见此情景，如遭雷击，他追悔莫及，并为此抱憾终生。

在最艰难，也是最关键的时刻，阿里坚持到胜利的钟声敲响的那一刻，成就了他辉煌人生中的又一个传奇。

竞技体育比赛是实力的比拼、心智的较量，场上形势变数多、变化快，有时可借用苏轼描写暴风雨的两句诗"天外黑风吹海山，浙东飞雨过江来"来形容，此时，再坚持一下，就会出现转机，"行到水穷处，坐看云起时"。比赛场上的激烈程度，人们都能看到，感受到，毋庸赘言。拳王阿里成功的事实更是证明了一个道理：坚持就是胜利。一位外国著名作家认为："胜利者并非摘取胜利果实的人，而仅仅是固守在战场上的人……"。固守者，坚持也。

竞技场如此，商场如此，人生更是如此。任何通向成功的道路都是曲折坎坷的，充满了数不清的艰难与困苦、辛酸与煎熬。可以这么说，所有成功者在获得成功之前都是失败专家，但最后的赢家肯定也都是机会的把握者。在奋斗的征程上，有的人只走了几步便回头了，成为一个哀怨忧愤、郁郁不得志的小人物，湮没在茫茫人海中。有的人走得稍远一点，但是也未能坚持下来，因为多次的失败令他焦头烂额，心力交瘁，于是打了退堂鼓，与成功失之交臂。有的人走得更远一些，他甚至走到了离成功只差很小一步的地方。正如拳台上与阿里对峙的弗雷泽一样，而此时必定是他人生中最黑暗的时刻看上去简直暗无天日，因为此时也正是黎明前的黑暗时期。这个时候，一开始想要建功立业的豪情早已退却，激情也已磨光，热情已然消解，气力也已耗尽，全凭一股不甘失败、不愿放弃的超强意志来继续向前走了。但有许多人偏偏在最不该放弃的时刻信念轰然倒塌，意志全线崩溃，相信了错觉，以为自己不可能成功，黎明不会降临，于是便投降了、放弃了，结果前功尽弃，本来唾手可得的成功便真的不属于自己了。等到某个时候，他忽然猛醒：原来自己曾经离成功那么近，近得只隔了那么一点点，只要再坚持一下，哪怕一个瞬间，自己就是人皆向往的成功者了，然而现在成功已经属于别人了，属于意志比自己更坚定的强者，留给自己的只有无尽的悔恨。

是啊，人生固有它的磨难和困境，当我们独行于茫茫黑夜，手足无措的时候都会不同程度地产生绝望情绪，只有凭着坚强意志抓住希望后，回首才发现，一切其实都没什么大不了的。何况，大多数时候光明距我们仅差一步，只需再坚持一下。

变化之中找机缘的胡雪岩

世界之道，变为恒道。世界上的事物和事情总是在运动、变化和发展着的，没有永远静止不动的东西，因此，智者总是从变化中寻找机会和机缘，并调整自身以适应这些变化，最终达到自己的成功。

中国兵法曰："兵无常势，水无常形。"商战与兵战一样，其环境与态势都是瞬息万变的，它时而天高云淡，风和日丽，秋月映湖；时而山雨欲来风满楼，黑云压城城欲摧；时而电闪雷鸣，急风骤雨，天昏地暗。久经沙场的军人或历经起落的商人对此往往习以为常，他们深信变化是绝对的，不变是相对的，只有无穷的变化，才会有无穷的机缘，无穷的魅力，才会引来无数英雄为之折腰。

然而变化之中有机缘，只说明了机会的存在。而更重要的是在于在变化之中发现机缘、把握机缘。古人云"识时务者为俊杰"，何谓时务？不难解释，时务就是指世事的发展变化态势。识时务，就是指根据这种发展变化态势去寻找把握机缘，决定自己何去何从。

心理学家曾提出 $B=f(P \cdot E)$ 的人行为公式。其中 B 表示不行为；f 表示对这一行为的重视程度；P 表示内在因素；E 表示外部条件。人的行为是内外因素的复合。这内外因素的有机复合必然是人行为的最佳效果。而这内外因有机复合的前提便是独具慧眼识时务。只有识时务者才能产生最有利于成功的行动。

时务学理论认为，任何世事的构成或运动变化都是由系统内外条件和多种因素决定的。当某些条件和因素达到一定的排列组合和结构状态时，只要从系统外部再加入一定的能量、信息或物质，整个世事就会发生结构上的重大变化，而身处局内之人可能就会因此而被卷入这一变化之中。即将发生变化的这一转折点可以称为"事机"。世事的事机对应着的时间数轴上的某一点，被称为"时机"。事机和时机统归于"时务"的涵盖之下。时务在事机和时机之上更具有待选择、决策和行动的意味。抓住时机和事机选择、决策和行动，能出现更高的工作效率，不仅时效高，效能大，运动的势能强，而且实现预期目标的可能性最大。任何世事在其发展过程中都存在时机和事机，其对人生选择、经营决策、计划实施等至关重要。能够较准确地识别时机和事机的到来，并据此做出人生抉择，即为识时务的俊杰。

胡雪岩就是善于从商场变化之中寻找出机缘、识时务的俊杰。他说："用兵之妙，存乎一心，做生意跟带兵打仗的道理差不多，除随机应变之外，还要从变化中找出机缘来，那才是一等一的本事。"

当年胡雪岩的生意正在蒸蒸日上之时，太平军攻占杭州，就使他经历了一次大的变故，而且这次变故几乎将他逼入绝境。

这次变故有三个方面：

第一，胡雪岩的生意基础如最大的钱庄、当铺、胡庆余堂药店以及家眷都在杭州。杭州被太平军占领，等于他的所有生意都将被迫中断。不仅如此，他还必须想办法从杭州救出老母、妻儿。

第二，由于胡雪岩平日里遭忌，如今战乱之中，谣言顿时四起，说他以为遭太平军围困的杭州购米为名骗走公款滞留上海；说他手中有大笔王有龄生前给他营运的私财，如今死无对证，已遭吞没；甚至有人谋划向朝廷告他骗走浙江购米公款，误军需国食，导致杭州失守。这意味着胡雪岩不仅会被朝廷治罪，而且即使杭州被朝廷收复之后，他也无法再回杭州。

第三，即使不被朝廷治罪，他也不能顺利返回杭州，因为失去了王有龄这个官场靠山，他的生意也将面临极大的困难。他的钱庄本来就是由于有王有龄这一官场靠山得以代理官库而发迹，而他的蚕丝销"洋庄"，他做军火，都离不开官场大树的荫蔽。胡雪岩那个时代做生意，特别是做大生意，本来就不能没有官场靠山。

不过，面对这一变故，胡雪岩并不惊慌失措。之所以如此，是他从表面对他不利的因素中，准确预见出了可利用的因素。

其一，如今陷在杭州城里的那些人，其实已经在帮太平军做事，他们之所以造谣生事，是因为太平军也在想方设法利诱

第十二章 最后的赢家都是把握机会的拼搏者

胡雪岩回杭州帮助善后,而那些人不愿意放他回杭州。他们造谣虽为不利,但并不是不可以利用。胡雪岩根据这一分析,确定了两条计策。首先,他不回杭州,避免与这些人正面交锋,他知道他的这一态度一旦明确,这些人就不会进一步纠缠;其次,胡雪岩不仅满足他们不让自己回杭州的愿望,而且他还决定自己出面,特别向闽浙总督衙门上报,说这些陷在杭州城里的人实际上是留作内应,以便日后相机策应官军。这更是将不利转化为有利的极妙的一招——表面上是给了这些人一个交情,暗地里却是把这些人推入一堆随时可以引爆的火药中,因为如果这些人不肯就范,继续加害胡雪岩,他可以随时将这一纸公文交给此时占据杭州的太平军,说他们勾结官军,这些人无疑会受到太平军的责罚。

其二,胡雪岩此时手上还有杭州被太平军攻陷之前为杭州军需购得的大米一万石。当初这一万石大米运往杭州时无法进城,只得转道宁波,赈济宁波灾民,并约好杭州收复后以等量大米归还。这也是一个可以利用的有利因素。胡雪岩决定,一旦杭州收复,马上就将这一万石大米运往杭州,这样既可解杭州赈济之急,又显胡雪岩做事的信义,诬陷他骗取公款的谣言也可以不攻自破。实际上,胡雪岩不仅在杭州一被官军收复,便将一万石大米运至杭州,而且直接向带兵收复杭州的将领办理交割,这样不单是收到了预期的效果,更得到了左宗棠的信任,将他引为座上客,并委他鼎力承办杭州善后事宜。由此,胡雪岩又得到了一位比王有龄还要有权势的官场靠山。胡雪岩的红顶子也就是这一举措的直接收益。原来看似不利的因素实际上成了胡雪岩日后重新崛起的机会,真可谓把不利之中的有利因素充分利用到了极致。

能如胡雪岩从变化中找出机缘者,就是一等一的本事,就是一等一的俊杰。

在逆境中开辟晋升之路的拿破仑

拿破仑说:"我成功,是因为我志在成功。胜利,是属于最坚韧的人。"在人生的大海中,我们虽然不能把握风的大小,却可以调整帆的方向。成功者也会不满自己的恶劣遭遇,但他们发泄不满的方式,不是自怨自艾或垂头丧气,而是越发加强他们进取的抱负心,为自己创造更辉煌的前程。

拿破仑幼时的生活是十分清苦的。他的父亲是出身科西嘉的贵族,虽然后来因家道中落而一贫如洗,但仍旧多方筹措费用,把拿破仑送到柏林市的一所贵族学校去求学,借以维持自己家门的尊严。那所学校的学生大多家境优裕、丰衣足食,拿破仑自己则破衣蔽履,十分褴褛,所以常受那些贵族子弟的欺负和嘲笑。

起初他还勉强忍耐那些同学的作威作福,但后来实在忍无可忍,便写了一封信给父亲,抱怨他的苦处。信上说:"因为贫穷,我已经受尽了同学们的嘲弄调侃,我真不知应该怎样对付那些妄自尊大的同学。其实他们只是比我多几个臭钱罢了,在思想道德上,他们远不及我。难道我一定要在这些奢侈骄纵的纨绔子弟面前过着低声下气的生活吗?"

他父亲的回信只有短短的两句话:"我们穷是穷,但是你非在那里继续读下去不可。等你成功了,一切都将改变。"就这样,他在那个学校里继续求学5年之久,直到毕业。在这5年里,他受尽了同学们的各种欺负和凌辱,但每受到一次欺负和凌辱,就愈使他的志气增长一分,他决心要把最后的胜利拿给他们看。

当然,要达到这个目标并非易事,那么他怎样做呢?他只有心里暗自计划,决定好好痛下苦功,充实自己,使自己将来能够获得远在那些纨绔子弟之上的权势、财富和荣誉。

可是不久,拿破仑又受到了另一严重的打击:在20岁时,他那孤高自傲的父亲去世了。家里只剩下他和母亲两人。那时他只是一名少尉,所赚的薪水,也仅够他们母子两人勉强维持生活。

在队伍中,由于体格衰弱、家境贫困,他处处受人轻视,不但上司不愿提拔他,就是同事也瞧不起他。因此,当同伴们利用闲暇时间自娱时,他则独自苦干,把全部精力都放在书本上,希望用知识和他们一争高下。好在读书对于他好像呼吸一样顺当,他可以不费分文向各图书馆借得他所需要的读物,从书里获得宝贵的学问。

拿破仑读书有着明确的目的,他不读那些平凡无用的书来消遣解闷,而是专心寻求那些能使他有所成就的书来读。他的"书房"是一间又闷又小的陋室,在那里他终年勤学不倦,弄得面无血色。

他在孤寂、闷热、严寒中,从不间断地苦学了好几年,单单从各种书籍中摘录下来的文摘,就可印成一本四千多页的巨书了。此外他更把自己当成正在前线指挥作战的总司令,把科西嘉当作双方血战的必争之地,画了一张当地最详细的地图,用极精确的数学方法,计算出各处的距离远近,并标明某地应该怎样防守,某地应该怎样进攻。这种练习,使他的军事知识大大进步,终于被上级赏识,给他开辟了一条晋升之路。

他的上级认识了他的才学之后,就将他升任为军事教官,专教需要精确计算的种种课程,结果成绩十分优秀。从此,他逐渐飞黄腾达起来,在不知不觉中,他已经一鸣惊人,获得了全国最高的权势。

等待时机，伺机而动的李鸿章

管住自己的身心，有一"藏"字，只有藏得远，才能看得清。身处顺境要藏锋，身处逆境也要藏锋，这才是聪明人所应采取的生活态度。善于"藏"自然就会有机会。

有些人在很多场合，过于抛头露面，会得到什么结果呢？自然是一个"败"字。因为历史事实说明，有很多人总希望自己能立即出人头地，所以到处抛头露面，结果却适得其反。

李鸿章的信条是：不到万一，不轻易抛头露面，因为嫉恨也能毁人。所以他在时机未到时，善于藏身。天下什么事最让人揪心？李鸿章与人为善，不争什么，全在一"藏"字。

管住自己的身心，有一"藏"字，只有藏得远，才能看得清。藏锋之机，极为重要，尖锋需钝，钝能出击不易折。藏锋是为了露锋，不露锋无须藏锋。

在咸丰十年时，太平天国英王陈玉成、忠王李秀成率领太平军击溃清军江南大营。此后不久，曾国藩接到朝廷发表他署理两江总督，并率部赴援苏州的谕令，就与李鸿章商议陆路分三路进兵，水路还要兴练三支水师。曾国藩对李鸿章早就很赏识，自从李鸿章入幕以来，朝夕献策，更深感他是一个思维敏捷、说理透彻、不可多得的人才。

同年8月10日，清政府实授曾国藩为两江总督，节制苏皖浙赣4省军务，成为进攻太平军的主帅。此时，曾国藩也上奏保举李鸿章，说他"劲气内敛，才大心细"，可以任两淮盐运使实缺。但并不是派他去办理盐务，而是让他去淮阳办理水师，并择地开办船厂，以便用这个水师保护盐场，免得利源落入太平军手中。但后来由于祁门大营危机，曾国藩又奏留了李鸿章留营办事。

9月28日，曾国藩派李元度去徽州接办防务。行前，曾国藩对他讲，此去关系重大，务必要守住该城，并对他提出五戒：戒浮、戒滥、戒私、戒过谦、戒反复。没想到刚刚10天，李元度就把徽州丢掉，跑到浙江去了。10月19日，曾国藩接到李元度的来信，还是设词为自己开脱。曾国藩气坏了，认为他辜负了自己的期望，"此人不足与为善矣。"要求李鸿章再给他拟一道参劾李元度的奏折。李元度，是曾国藩的友人。为了表示大公无私，曾国藩准备写折子参劾他。李鸿章则认为，李元度带去的是3000名新兵，去对付太平军主力李侍贤一万人的大军，失败是意中之事，理有可恕；过去与曾国藩又患难相共，情有可原。他劝曾国藩高抬贵手，不要上奏。曾国藩认定要秉公处理，对李鸿章的话也听不进去了。

对李元度处理意见的分歧导致曾李之间的不睦。李鸿章离开祁门大营，去到南昌他长兄李瀚章那里闲住。

李鸿章对曾国藩的意见不只这一件，还有湘军大营设于祁门的问题。祁门在群山之中，外高内低，是所谓"釜底"，为兵家所忌之地。李鸿章屡次劝说移营，曾国藩迟迟不做决定。

咸丰十一年二月，太平军李秀成部进入江西抚州、建昌，省城南昌震动。在太平军李侍贤部又攻陷景德镇后，祁门处于四面包围中。曾国藩对外联络不通，专函李鸿章，速催湘军悍将鲍超进兵景德镇。

李鸿章趁机劝曾国藩放弃祁门，另移他处，但他不是直接劝说，而是迂回。他专函胡林翼请其代劝。于是，胡林翼在给曾国藩的信中说：李鸿章"之议颇识时务"，左宗棠建议移驻九江也是把握了形势，但您未必采纳，如果能在湖口或东流设立大营，联络南北两岸则功效必大。后来又经曾国藩的亲弟曾国荃来信相劝，曾国藩这才离开祁门，去了长江东流。

曾国藩在北京时，就患了皮肤病，身生疮癣。驻扎东流后，虽是江边，仍然燥热难当，痛痒不止，手不停地挠，几乎无以存活。更兼身边没有李鸿章这样的得力助手，居然感到难以做事了。清夜深思，他虽然仍不能同意李鸿章的意见，但觉得李鸿章能以个人进退来坚持自己的立场，确属性格刚毅，难能可贵。于是写信恳请李鸿章速来相助。面对真挚的邀请，又是老师困难时期，李鸿章再也无法推辞，只得前来为曾国藩助阵。当天，他们就谈得很投机，一直谈到夜里二更末。这一夜曾国藩因与李鸿章之间消除嫌隙、无话不谈而兴奋得不能成眠。

他们连日长谈，大有"一日不见如三秋兮"之感。他们之间的关系已经超出一般的师生情感，可以说是无话不说的诤友。有一天，李鸿章来到曾国藩的后院，一边乘凉，一边长谈，至二更三点才散。他甚至说到了曾国藩的缺点是"懦缓"，办事总是多谋少断，不能大刀阔斧。

有时，曾国藩不便出面处理的事情，就让李鸿章去处理。例如鲍超从九江率军前来，这么重要的事情他避而不见，让李鸿章去接见。因为他不满意鲍超不分轻重缓急地跑到这里来。

一天，曾国藩得知攻克安庆，便同李鸿章一起乘船去安庆犒师。此间正值咸丰帝驾崩的消息传来，即在安庆大营设立灵殿，安排文武官员们祭奠。在这个特殊时期，他们更是每天长谈。他们的思想是相通的，共同忧虑着时局的安危。他们时时都在关注着朝局变化。当他们得知北京发生宫廷政变的消息，咸丰帝临终任命的赞襄政务王大臣肃顺等8人被推翻，政权由慈禧和慈安两宫皇太后和恭亲王掌握。他们共同感到"皇太后英明果断，为自古帝王所仅见"，因而"相与钦悚久之"。

前后数载，进进出出，李鸿章坐幕曾府，历练品性，静观时局，时有用兵，不轻易抛头露面，终悟出藏身玄机，使其终生受用不尽。

　　主静藏身，不露声色，意适神恬，宁静致远，这是"藏身"的根本所在。《庄子》中指出"穷亦乐，通亦乐"。所谓"穷"是指无路可走；"通"是指发达顺遂。庄子认为，凡事顺应境遇，不去强求，才能过着自由安乐的生活。这是一种顺应命运、随遇而安的生活方式。无论顺境或是逆境，人都应该保持一种乐观的生活态度。贫穷时能藏宝贵之锋知足常乐，安贫乐道。

　　《菜根谭》中指出："人生减省一分，但超脱一分。"在人生旅程中，如果什么事都减省一些，便能超越尘世的羁绊。一旦超脱尘世，精神会更空灵。简言之，即一个人不要太贪心。另有人说："比如，减少交际应酬，可以避免不必要的纠纷；减少口舌，可以少受责难；减少判断，可以减轻心理负担；减少智慧，可以保全本真；不去减省而一味增加的人，可谓作茧自缚。"

　　人们无论做什么事，均有不得不增加的倾向。其实，只要减省某些部分，大都能收到意想不到的效果。倘若这里也想插一手，那里也要兼顾，就不得不动脑筋，过度地使用智慧，容易产生奸邪欺诈。所以，只要凡事稍微减省些，便能回复本来的人性，即藏锋而静，返璞归真。所以，人千万不要为欲望所驱使。心灵一旦为欲望侵蚀，就无法超脱红尘，而为欲望所吞灭。只有降低欲望，在现实中追求人生的目的，才会活得快乐。

　　人大都渴望和追求荣誉、地位、面子，为拥有它而自豪、幸福；人不情愿受辱，为反抗屈辱甚至可以生命为代价。所以，现实人生便出现了各种各样的争取荣誉的人，形形色色的反抗屈辱的勇者和斗士；也有为争宠、争荣不惜出卖灵魂、丧失人格的势利小人。当然，也有人把荣誉看得很淡，甘做所谓"荣辱毁誉不上心"的清闲人、散淡者。

　　任何人的一生总会有不遇的时期，无论从事什么工作，都

-209-

会有和预期相反的结果。长此以往，任何人都不免产生悲观情绪。然而，人生并不仅有这种不遇的时候。当云散日出时，前途自然光明无量。所以，凡事必须耐心地等待时机的来临，不必惊慌失措。相反，在境遇顺利的时候，无论做什么事都会成功；可是总有一天，不遇的时刻会悄然来临，因此，即使在春风得意之时也不要得意忘形，应该谨慎小心地活着。身处顺境要藏锋，身处逆境也要藏锋，这才是聪明人所应采取的生活态度。